三维水系矢量数据综合及绘制

冯 浩 黄 杰 王成智 等 编著

科学技术文献出版社
SCIENTIFIC AND TECHNICAL DOCUMENTATION PRESS
·北京·

图书在版编目（CIP）数据

三维水系矢量数据综合及绘制 / 冯浩等编著. —北京：科学技术文献出版社，2017. 7（2018.3重印）

ISBN 978-7-5189-3219-1

Ⅰ. ①三⋯ Ⅱ. ①冯⋯ Ⅲ. ①水系—数字化测绘 Ⅳ. ① P641-39

中国版本图书馆 CIP 数据核字（2017）第 198073 号

三维水系矢量数据综合及绘制

策划编辑：孙江莉　责任编辑：赵　斌　责任校对：文　浩　责任出版：张志平

出 版 者　科学技术文献出版社
地　　址　北京市复兴路15号　邮编 100038
编 务 部　(010) 58882938，58882087（传真）
发 行 部　(010) 58882868，58882874（传真）
邮 购 部　(010) 58882873
官方网址　www.stdp.com.cn
发 行 者　科学技术文献出版社发行　全国各地新华书店经销
印 刷 者　虎彩印艺股份有限公司
版　　次　2017 年 7 月第 1 版　2018 年 3 月第 2 次印刷
开　　本　710×1000　1/16
字　　数　152千
印　　张　10.25　彩插2面
书　　号　ISBN 978-7-5189-3219-1
定　　价　48.00元

《三维水系矢量数据综合及绘制》编著人员

冯　浩　国网湖北省电力公司信息通信公司
黄　杰　国网湖北省电力公司
王成智　国网湖北省电力公司
朱小军　国网湖北省电力公司信息通信公司
廖荣涛　国网湖北省电力公司信息通信公司
查志勇　国网湖北省电力公司信息通信公司
余　铮　国网湖北省电力公司信息通信公司
张　科　国网湖北省电力公司信息通信公司
刘　芬　国网湖北省电力公司信息通信公司
王逸兮　国网湖北省电力公司信息通信公司

前　言

随着“数字地球”和“全球信息网格”的提出和实施，人们对真三维的空间信息的取得、应用及其推广已经从基本的局部和地段发展到城市级、国家级和全球范围，科学研究、军事研究、生产应用等都需要建立在海量的空间数据的基础之上。GIS 的发展正经历着从二维 GIS 到三维 GIS 的深刻转变，正广泛且深刻地影响和改变着人们的生活。三维 GIS 的发展，能够包含和表达更加丰富的空间数据，突破二维数据对客观真实世界的表达的束缚，能重现人们对真实世界的视觉感受，已作为未来 GIS 发展的方向，备受企业界、学术界的关注。

在三维 GIS 系统中，在栅格数据应用方面，Google Earth 等三维 GIS 软件推出了实用化的栅格绘制技术，获得了巨大的成功，但在三维虚拟地球矢量应用方面，由于存在瓶颈问题没有得到解决，离大规模的实用还有较大的差距。例如，目前，三维软件只显示了主要城市的一些大比例尺的矢量数据，数据精度较差，不能直观地进行查询和分析，和 DEM 数据的结合也需加强。此外，大规模矢量数据的组织、绘制、查询、分析、统计等需要深入研究和技术攻关，才能早日走向实用化。其中，提供一个高效的矢量数据三维数据组织和绘制的解决方案是三维矢量数据查询、分析、统计和辅助决策支持的基础，是三维 GIS 系统中一个十分重要和具有挑战性的前沿研究问题。

本书提出一种基于遗传算法求取河网主流最优解的策略和方法。先将河网结构的问题看作选取主流的问题，将选取主流的问题看作一个全局最优的问题，在全局优化的问题中综合考虑拓扑信息和语义信息，提出了使用遗传算法的求解策略。求取河流的主流后，再建立河流的层次结构，实验验证了该方案的有效性。遗传算法能够综合考虑拓扑信息和水文、地形等语义信息，能够更为准确地找到河网的主流，是一种易于扩展、性能稳定的优化求解河网主流最优解方案。同时研究和实现了屏幕显示条件下河网数据的快速无级综合。在确定了河网的主流之后，使用常用的 Horton 编码，对水系数据进行分级和结构化，之后通过三维环境下的无级综合的动态分解尺度选取综合化简的要素，运用本书提出的综合算子，最终实现了屏幕显示条件下河网数据的快速无级综合。

目　录

第1章　研究背景

第1节　三维GIS发展的需求

随着“数字地球”和“全球信息网格”的提出和实施，人们对真三维的空间信息的取得、应用及其推广已经从基本的局部和地段发展到城市级、国家级和全球范围，科学研究、军事研究、生产应用等都需要建立在海量的空间数据的基础之上。GIS的发展正经历着从二维GIS到三维GIS的深刻转变，正广泛且深刻地影响和改变着人们的生活。三维GIS的发展，能够包含和表达更加丰富的空间数据，突破二维数据对客观真实世界的表达的束缚，能重现人们对真实世界的视觉感受，已作为未来GIS发展的方向，备受企业界、学术界的关注。

近年来，三维GIS的研究取得了长足的进步，一系列商业三维GIS软件相继推出，获得了巨大的商业成功。Google Earth、World Wind、Sky Line、Virtual Earth等全球三维GIS软件，通过对全球、海量卫星影像数据，全球地形数据，三维城市数据，三维实景数据的良好表达和展现，能多尺度、更真实地展示整个世界发生的事件和活动，获得对我们生存的世界身临其境的感觉。

在三维GIS系统中，在栅格数据应用方面，Google Earth等三维GIS软件推出了实用化的栅格绘制技术，获得了巨大的成功，但在三维虚拟地球矢量应用方面，由于存在瓶颈问题没有得到解决，离大规模的实用还有较大的差距。例如，目前，三维软件只显示了主要城市的一些大比例尺的矢量数据，数据精度较差，不能直观地进行查询和分析，和DEM数据的结合也需加强。此外，大规模矢量数据的组织、绘制、查询、分析、统计等需要深入研究和技术攻关，才能早日走向实用化。其中，提供一个高效的矢量数据三维数据组织和绘制的解决方案是三维矢量数据查询、分析、统计和辅助决策支持的基础，是三维 GIS 系统中一个十分重要和具有挑战性的前沿研究问题。

（一）三维矢量绘制的需求

矢量数据作为空间数据的一个重要的组成部分，具有数据精度高、样式可编辑、放大不失真、数据组织合理、数据密度高等优势。在三维虚拟地球系统中，矢量数据作为道路及铁路路网、水系、等高线等要素的重要表现形式，具有很高的使用率，是三维虚拟地球系统的一个十分重要的数据源。作为空间数据中最能表达空间位置、拓扑关系和属性信息的空间数据类型，矢量数据在各个行业中均得到广泛的应用和研究。在三维虚拟地球平台，对矢量数据的绘制、查询、分析等也具有较大的需求。

在传统的二维 GIS 系统中，由于只能直观地表达两个维度的地理信息，在高程方向只需要在顶点处以高程值的方式进行表达。随着技术的发展，矢量数据被引入三维虚拟现实系统中，因此对整个矢量要素的高程方向的表达成了三维系统的迫切需求。研究三维矢量数据的组织绘制有着重大的理论和实践意义。

随着空间数据获取方式的进步和发展，一种数据类型或者为数不多的几种数据类型的地理信息数据，已经越来越无法满足用户的需求。对于海量大范围、多时相、多数据类型、多分辨率的空间数据的综合分析，已经成功地运用到了环境监测、灾害预警、资源的利用和开发，甚至国防科研和现代战争中。而单一数据类型是无法满足上述应用需求的。因此，发展一种全球范围的多类型数据的无缝融合技术迫在眉睫。而能较好、无缝地展示多尺度、多类型的空间数据，并能做出相关的查询、分析的一种方式即是三维虚拟地球。

三维 GIS 平台中数据的融合和挖掘迫切需要大力拓展三维 GIS 平台中矢量数据的应用，而三维 GIS 矢量数据的绘制则是其中的关键技术，迫切需要得到解决。

鉴于矢量数据在空间数据中的重要位置和三维虚拟地球对矢量数据组织和绘制的需求，本书针对部分三维矢量数据的组织和绘制的瓶颈问题，研究三维矢量数据的组织和绘制的整体解决方案。

（二）三维 GIS 中制图综合的需求

目前，地图综合的应用范围十分广泛，高精度的测量技术能快速且精准地将真实世界数字化并展示在使用者的面前，在数据本身极大丰富的同时，也给制图综合的工作带来了新的挑战。需要在丰富的原始数据中提取重要信息（尤其是一些概念性的知识），确定主次关系，需要将地图综合的工作作为获取地理知识的一种工具；随着国家空间数据基础数据库的建立和实施，从原始数据中建立一个新的、多层次的、综合后的多比例尺数据库成为一个比较重要的需求，也是地图综合工作的一个发展方向；随着网络技术的发展，复杂的地图数据需要在互联网上快速、准确传输，并且由于系统的互操作性，对于一副地图的多比例尺的实时操作和传输，也成了用户的需求；随着三维 GIS 的发展，以及三维 GIS 对各类矢量数据的需求和三维 GIS 实时操作的重要性，三维 GIS 也需要地图综合与之配合，同时，一个高效的地图综合策略也成为三维 GIS 的需求之一。

目前，利用计算机进行的地图的自动综合，主要还停留在沿用传统的手工制图综合的办法和模式。传统的制图综合方法主要是对地图的要素进行选取和概括。选取操作是指留下对制图生产目的最有用的要素，让它们在地图上得以绘制，而那些不是那么有用的要素在制图时不会被绘制，即被舍去。概括的核心是对地理要素进行简化，简化的内容是地理要素的形状、数量等。这些操作的过程，都是制图人员对制图对象规律性的认知和对这些规律的表达能力通过长期的经验积累和发挥主观能动性完成的（翟仁健，2003）。在制图自动综合中，这些工作需要由计算机来完成，计算机具有擅长处理抽象问题，而对需要思考和逻辑思维能力的工作处理较慢的特点，因此对需要大量的灵感思维和形象思维的制图综合工作显得相当困难。综合的效果是由综合的模型、综合的规律、综合的算法等相关因素的合理性、完备性决定的，与制图综合的智能化程度也有关，而目前的方法和理论还都不能快速有效地完美解决地图自动综合中所存在的问题（邓红艳 等，2009）。

由于三维虚拟地球系统是一个灵活漫游的系统，用户只需简单操作即可大幅变换显示的地理要素的细节程度。因此，一个比例尺的矢量数据直接用于三维绘制，必然会造成在比例尺较小的情况下，矢量数据的要素过于拥挤而难以分辨的情况，而这种情况也极端浪费了有限的绘制资源。诚然，这个问题可以通过导入多比例尺的原始数据，并设定各比例尺的显示高度范围来解决，但是多比例尺的数据源有时并不齐全，并不能完全满足直接将多比例尺数据进行预处理的需求。因此，迫切需要一种自动数据综合化简的方法。

与二维 GIS 系统不同，三维虚拟地球给用户提供的是一种渐进式的用户体验，传统的制图综合主要为地图生产服务，其技术和规范只局限在有限的比例尺之间操作。因此，无法直接照搬到三维 GIS 的屏幕快速无级的矢量综合化简中，一种基于三维绘制的快速无级的制图综合方法是迫切需要研究和解决的。

第 2 节　国内外研究现状

（一）三维矢量绘制的进展和趋势

GIS 中的矢量数据用点线面表达对象的几何位置，赋予其相应的属性信息，即 DEM 数据用于表达空间对象的高程信息，采用规则的三角格网来模拟地球表面起伏。将矢量数据与地形数据结合并统一表达，能够有效地恢复空间对象的真实面貌。近年来，二者的结合主要是基于平面进行的，随着数据获取技术的不断发展，大范围及大分辨率的空间数据能够有效快速的获得，基于此，球面地形与矢量数据的集成研究变成了热点研究领域。

王姣姣（2009）在球面退化四叉树格网的基础上，针对几何叠加法计算复杂及效率低下的问题，通过引入格网单元分解思想，提出了基于球面 DQG 的地形与矢量数据自适应集成建模，并在此基础上研究了地形矢量线三维漂移算法。

曾俊钢（2008）提出了一种快速获得切割路径的曲面三角格网切割算法，并利用边界表示模型的性质，判断了剖切面与三角形的共面关系，提出了一种新的平面剖切算法。

邹烷等（2006）结合 ROAM 地形简化算法，设计相关的数据结构及算法，实现地形格网与矢量数据的无缝叠加，并对算法性能做出了分析。

郭德伟（2011）以矿山应用为例，研究了一种三维GIS的矢量数据结构，提出了使用6组拓扑结构来刻画三维数据结构的方式，并结合矿山实体给出了其完整的描述。但是其研究主要是基于体表示的数据模型，若用于表面矢量的绘制，数据冗余较大。

孙寅乐（2005）将矢量数据与高程数据相结合，提出了一种基于矢量高程纹理与矢量叠加的绘制方法。在绘制矢量纹理时，结合了DEM的网格与原始矢量数据中的高程信息，进行叠加绘制矢量，但实验所表达的空间范围较小且未对试验的矢量数据做索引等数据处理。

肖锋（2008）使用多分辨率金字塔、基于四叉树的动态LOD算法、异步数据动态调度机制、内存缓存和本地缓存技术实现了基于Globe模型的空间信息三维可视化理论和研究方法，完成了全球多分辨率地形可视化策略和方案。但缺乏对海量矢量数据的支持能力。

李占（2008）使用了基于线性四叉树瓦片金字塔模型，实现了一种基于瓦片状态标号序列的多线程调度和预测策略、数据的请求和处理显示策略，完成了三维城市中空间数据组织调度方法研究。主要针对影像数据、地形数据和模型数据，没有提及矢量数据的策略。

吴晨琛（2008）使用了GeoGlobe中等经纬度格网的四叉树索引作为数据集的组织与管理方式，实现了GeoGlobe中多尺度空间数据集的管理机制。但没有对各个网络节点上的多尺度的数据集建立统一的空间索引。在矢量数据的绘制上也使用了栅格化的方式。

周强（2011）研究了异构虚拟地球中影像数据集成方法，对主流的虚拟地球的数据组织方式进行了分类和比较，并统一选择了规则格网的方式对异构的数据集进行集成。但是只研究了影像数据，对矢量数据的研究较少。

综上所述，栅格数据的金字塔数据组织的研究已经相对完善，但是栅格数据的金字塔数据组织方式不能直接套用在矢量数据上，传统的矢量数据组织通常有两种方式：构建矢量金字塔和不构建矢量金字塔，它们通常只是对矢量数据本身进行处理，较少综合考虑屏幕绘制精度、地形优化和数据源综合化简。迫切需要一种综合考虑了屏幕绘制精度、地形优化和数据源综合化简的统一的数据组织方案。

（二）制图综合的进展和发展趋势

作为一个公认的世界性难题，“制图综合是地图数据处理所面临的最富智慧与技术性挑战的问题之一”（K. Stuart Shea，1991）。数字环境下地图综合与传统制图综合的区别在于直接处理的对象不同。例如，传统制图综合直接处理客观世界的地图模型，而数字环境下的地图综合直接处理的是表达客观世界的数据模型，从而使数字环境下的制图综合在综合的目的、类型、方式上均不同，对此3点不同分别进行介绍如下（邓红艳 等，2009）。

1. 综合目的

传统地图综合的目的是地图制图，而数字环境下的制图综合的目的在于获得、集成、存储、显示读取等地理信息。Muller将地图综合分为经济、数据健壮、多用途、显示和传递4个需求（邓红艳 等，2009）。而且根据存储环境、需求、综合目的的不同，实际操作的综合手段也不相同。

对于只需要将复杂的地图进行多比例尺缩编并入库的需求来说，需要考虑选取或删除、抽象或概括、合并等手段来保证地图的空间和属性的精度，以及层次和逻辑关系。而对于需要可视化的地图综合，对于地图要素的均衡性及较小的地图空间和客观真实世界的矛盾，需要通过符号化、位移、整饬、夸张等手段来综合解决，从而保证地图的正确性、简洁性及合理性。

2. 综合类型

综合的类型分为模型综合和图形综合。

地图综合是表达、描述客观世界的有效模型，地理对象表达形式是以符号、图形作为地理对象进行展示的。在传统制图综合中模型与图形能够保持一致性，从而使得内容与形式的综合也能够同步进行（邓红艳 等，2009）。数字地图则不同，其内容和形式是分离的，其存储和可视化也是分离的，由此特性产生了2种制图模型，即数字景观模型（DLM）和数字制图模型（DCM），因此地图综合的模型也分为上述的模型综合和图形综合2种类型。

数字景观模型是用坐标信息、属性信息与关系来描述空间对象的，是不依赖于符号系统的空间对象的表达，是人们对认知的模式在数据中的体现。

模型综合与图形综合之间存在一定的联系，并不独立，主要的原因是，数字景观模型在经过模型综合的信息子集在进行图形综合后，形成了对应的数字制图模型。模型综合主要通过选取、概括的方法来选定制图对象及其表示方式，它是图形综合的先导。前者是为了方便数据的访问，而后者主要是为了满足地图的展示需求。

沿用传统的制图综合的方法和步骤是目前大多数相关研究的主要方向，将综合和对象的认知同时进行，将模型综合和图形综合同时进行，这种方法会将地图综合变得更主观、更复杂，不利于综合问题的真正解决。随着相关领域研究的深入，人们认为“地图综合的实质性对象是空间数据库中的地理信息，即数字景观模型”（邓红艳 等，2009）。将模型综合和图形综合分解开，能获得更多的中间结果，也产生了不同用途，这样更有利于问题的解决。这种方式也成了制图综合研究的新趋势。

3. 综合方式

综合方式分为以下多种：交互式综合方式、在线综合方式、自动化综合方式与伪自动化综合方式（邓红艳 等，2009）。

地图综合是一种高度依赖人的参与的工作，这项工作要求制图者做出自己的决定和选择，尤其是在关于地图要素或地图密度的相关细节上。若要将此项工作自动化处理，必须要获取制图学专家的相关专业知识和经验，而将相关专业知识和经验使用计算机采集，并数字化存储和表达，绝非易事。

由于相关技术发展还没有达到理想的高度，存在一定的局限性，高度依赖相关技术的全自动智能综合及全自动综合系统还没有达到可用的程度。因此，在这个大背景下，涌现出在一定限定条件下的智能、交互式、自动化、在线和伪自动化等多种制图综合的方式（邓红艳 等，2009）。

赵春燕（2006）以树状河系为研究对象，建立基于图论的水系网矢量模型，以水系中最主要的自然形态树状河系为研究对象，依据河段的自然形态和空间特征识别河系的主支流，并以支流级别建立水系的 Horton 编码。在 Horton 编码及其他制约因素的基础上，完成了制图综合。但主流的选取较为简单，且未对综合的详细流程进行说明。

张青年（2006）分析河系简化中的各种因素，提出了一种河流等级规则河流选取指标体系，设计了一个综合指标，将河流的等级、长度、层次综合起来进行河流选取，探讨了在自动构建河网树的基础上计算河流等级、长度、层次等选取指标方法。使用该综合指数进行相关实验，验证该方法的有效性。但是其对河流的分级只考虑了矢量数据本身的拓扑特性，并未对相关水文特性进行综合考虑。

龙毅等（2011）结合地形，将等高线按所属地形区域划分为不同渠道，然后根据河网层次化选取的结果，分别进行针对性的化简，确保综合后各条河流处于地形谷位置。证明此方法能有效避免综合后等高线与河流之间的相互冲突，提升制图综合的智能化程度。但本方法仅适用于等高线相对密集、河网与等高线协调较明显的特定区域，并没有考虑各级沟谷之间的联系，其综合尺度跨度不宜过大。因此，关于地形与水系之间的协同空间关系、协同综合算法还有待于进一步的研究。

杨敏等（2012）在等高线上利用 Delaunay 三角网提取地形特征，与水网和等高线交点建立匹配关系，并利用几何方法完成一致化操作，解决了在空间数据库集成与匹配中因来源不同，使得两种数据不一致，导致水网“爬坡”现象所产生的问题。但在等高线移位匹配水网需要有更好的位移控制关系。

翟仁健（2007）在“基于遗传多目标优化的线状水系要素自动选取研究”中，利用遗传算法解决地图自动综合问题，针对线状水系要素的选取，设计具有一定智能的算法，取得了较为理想的综合效果。但是，由于其在解决综合问题时，考虑了多种制约因素的全局最优，在计算效率上有一定的影响。

综上所述，目前矢量要素综合的文献很多是针对传统制图综合的要求。传统的制图综合主要为地图生产服务，其技术和规范只局限在有限的比例尺之间操作，较少考虑专门针对三维屏幕可视化的线状矢量数据综合化简的要求，而基于三维绘制的制图综合方法需要针对渐变的多种比例尺建立综合的准则和算子。

第2章　三维矢量数据综合简化

第1节　问题的提出

在三维矢量绘制中，数据源也是制约矢量绘制的关键因素。通常在进行矢量数据三维可视化的时候，由于三维系统灵活缩放的特性，无论矢量数据缩小到什么尺度，数据量的大小是不变的；而数据显示的范围则在不断缩小，从而导致由于单位面积内信息量成倍增加造成地物要素的拥挤和难以识别，离散的物体挤在一起，复杂的地物轮廓显得混乱。如果再进一步提高相机高度，那么大量的矢量数据甚至会形成一个色块，这样的效果完全没有显示意义，而且还造成了绘制资源的浪费。图2－1显示了矢量要素密度过大时很差的绘制效果。

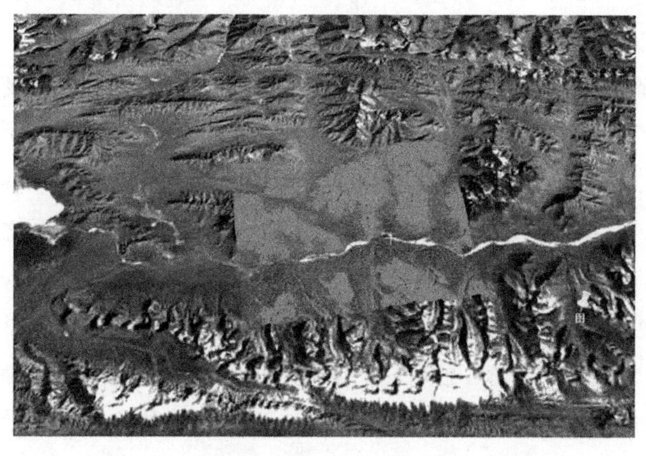

图2－1　矢量要素密度过大时很差的绘制效果

要提高三维矢量数据绘制的精度和效率，还需要引入针对屏幕可视化的制图综合。本书将选择河网作为研究对象，进行针对屏幕可视化河网快速无级综合的研究。

第 2 节　文献的分析和不足

国内外众多文献开展了对矢量数据简化方案的研究。

赵春燕（2006）以树状河系为研究对象，建立基于图论的水系网矢量模型，以水系中最主要的自然形态树状河系为研究对象，依据河段的自然形态和空间特征识别河系的主支流，并以支流级别建立水系的 Horton 编码。在 Horton 编码及其他制约因素的基础上，完成了制图综合。但主流的选取较为简单，且未对综合的详细流程进行说明。

张青年（2006）分析河系简化中的各种因素，提出了一种河流等级规则河流选取指标体系，设计了一个综合指标，将河流的等级、长度、层次综合起来进行河流选取，探讨了在自动构建河网树的基础上计算河流等级、长度、层次等选取指标方法。使用该综合指数进行相关实验，验证该方法的有效性。但是其对河流的分级只考虑了矢量数据本身的拓扑特性，并未对相关水文特性进行综合考虑。

龙毅等（2011）结合地形，将等高线按所属地形区域划分为不同渠道，然后根据河网层次化选取的结果，分别进行针对性的化简，确保综合后各条河流处于地形谷位置。证明此方法能有效避免综合后等高线与河流之间的相互冲突，提升制图综合的智能化程度。但本方法仅适用于等高线相对密集、河网与等高线协调较明显的特定区域，并没有考虑各级沟谷之间的联系，其综合尺度跨度不宜过大。因此，关于地形与水系之间的协同空间关系、协同综合算法还有待于进一步的研究。

杨敏等（2012）在等高线上利用 Delaunay 三角网提取地形特征，与水网和等高线交点建立匹配关系，并利用几何方法完成一致化操作，解决了在空间数据库集成与匹配中因来源不同，使得两种数据不一致，导致水网“爬坡”现象所产生的问题。但在等高线移位匹配水网需要有更好的位移控制关系。

翟仁健（2007）利用遗传算法解决地图自动综合问题，针对线状水系要素的选取，设计具有一定智能的算法，取得了较为理想的综合效果。但是，由于其在解决综合问题时，考虑了多种制约因素的全局最优，在计算效率上有一定的影响。

Paiva（1991）提出使用图论的方式对树状河网数据进行描述，即通过节点集合 V 来存储树状河网的所有节点，通过边集合 E 来存储树状河网所有的边。

以上文献主要针对传统制图综合的要求，较少见到针对屏幕可视化的无级矢量数据简化的研究；此外，多数文献在进行河流结构化分析时，仅仅考虑了河流的拓扑信息，很少有文献会综合考虑河流矢量数据的拓扑信息和语义信息。

作为河系中十分重要的主流的选定，目前主要的方法有：按长度优先的原则进行主流选取、按接近 180°逼近的原则进行主流选取，以及按上述两种方法相结合的方式进行主流选取。对河段要素的描述主要集中在其长度、交角、出度和入度上，也有结合地形要素考虑河段的汇水区域的。根据主流的相关河段的信息，结合图论中的相关编码即可完成水系的结构化。

但是，目前无论对主流的选取还是对具体河段的评价，都缺少一种结合拓扑关系、水文要素及语义信息进行综合考虑的算法。进行最优求解时也基本使用局部最优，没有综合考虑全局的最优解。因此，本书使用遗传算法研究如何求取主流河段的全局最优解。

对于矢量数据的三维简化，几种固定的地图比例尺并不能满足三维虚拟地球的灵活动态漫游的需求。因此，本书提出了三维环境下的无级综合的动态分界尺度，研究了依据动态分界尺度进行三维矢量数据选取和概括的策略。

第 3 节　解决方案

在面向屏幕可视化的矢量数据快速无级简化的研究中，数据源可以分成点、线、面 3 个类型。线状要素又可以分为道路、河网等要素类型，本书选择线状矢量要素中的河网数据作为重点研究对象，提出一个针对屏幕的可视化、动态实现矢量数据无级缩放的矢量数据化简方案。此方案包括下列内容。

（一）提出一种基于遗传算法构建河网结构的策略和方法

将河网结构的问题看作优先选取主流的问题，将选取主流的问题看作一个全局最优的问题，在全局优化的问题中综合考虑语义信息，提出了使用遗传算法的求解策略，求取河流的主流，建立河流的层次结构。

（二）提出一种基于构建河网结构的综合化简策略

在河流结构确定之后，为每个河流河段建立 Horton 编码，确定决定河网选取的动态分界尺度，提出河网综合的选取和概括策略。

整个综合的流程概括为：首先读取河网的基本信息，读取矢量数据与拓扑信息、水文信息、语义信息计算同步进行。然后通过遗传算法确定河网的主流，此部分是本章的核心之一，将在第 4 节详细说明。在完成主流的选取之后，会根据主流的选取对整个河网进行 Horton 编码，并将 Horton 编码作为无级综合的分界尺度之一。最后是本章的另一个核心，针对三维绘制的河网数据的无级综合，将在第 6 节进行详细解说。

三维矢量数据综合简化的整体流程如图 2－2 所示。

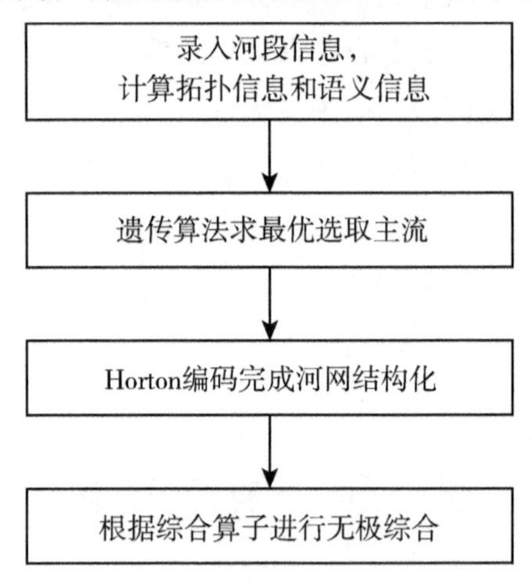

图 2－2　三维矢量数据综合简化的整体流程

第4节 遗传算法确定主流的整体解决方案

（一）遗传算法介绍

遗传算法（Genetic Algorithm）是 J. Holland（1975）首先提出的，即模拟生物进化的自然选择和遗传学机制的生物进化过程的计算模型，是一种通过模拟自然进化过程搜索最优解的方法。遗传算法维持由一群个体组成的种群 $P(t)$，其中 t 表示遗传代数。每一个个体均为带求解问题的一个可能的解，每一个个体都被评价优劣并赋予其适应值。也有一些个体要经历称作遗传操作的随机变换，并产生新的个体。变换方法主要是变异（Mutation）和杂交（Crossover）。变异是将一个个体改变，从而获得新的个体；杂交是将两个个体的有关部分组合起来，形成新的个体。新产生的个体，记为 $C(t)$，继续被评价优劣，比较优秀的个体从父代种群和子代种群中选出，形成新的种群。在若干代以后，算法收敛到一个最优个体，该个体很有可能代表着问题的最优或次优解（玄光男，2009）。遗传算法具有良好的全局搜索能力，可以快速地将解空间中的全体解搜索出来，不会陷入局部最优解的快速下降陷阱，并且利用它的内在并行性，可以方便地进行分布式计算，加快求解速度。

（二）因素的选取

为了能够对数字化的树状河网数据进行简化，必须要建立一种河网数据的空间关系模型。Paiva（1991）提出使用图论的方式对树状河网数据进行描述，即通过节点集合 V 来存储树状河网的所有节点，通过边集合 E 来存储树状河网所有的边。河网的例子如图 2－3 所示，顶点和河段分别使用 N 和 C 来表示。

树状河网主流的选取是一个十分复杂的问题，往往不能依照某一条规则来限定。同时也不能仅考虑图幅的某一部分的数据，需要对整个树状水系进行全盘的考虑。另外，也不能仅考虑树状河网本身的拓扑特性，往往还要结合与之对应的地形数据、水文数据、语义数据。

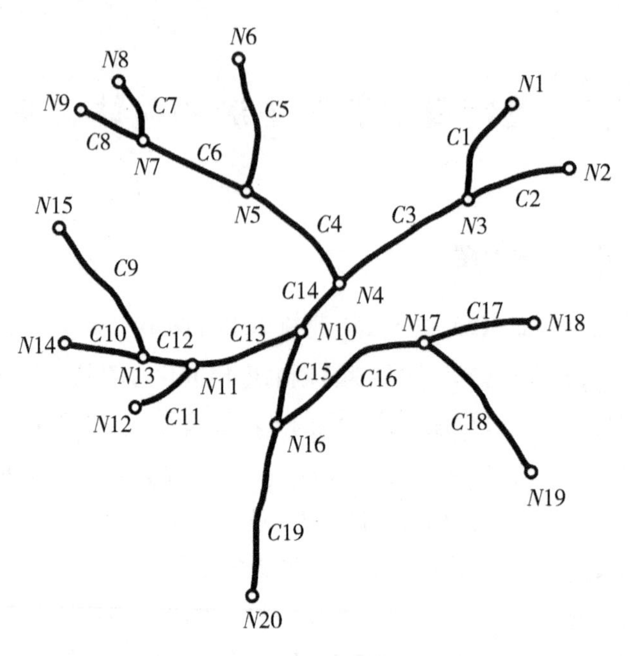

图 2－3　河网示例

一般情况下，主干河流在网状河网中具有长度最长的特点（Richardson，1993），因此可以使用长度最长作为准则之一来选取河网的主流。同时，由于河网的主流在其连接节点上具有保持其原有流向的趋势，也就是说在主流上的不同河段之间的夹角有趋向 180°的趋势，因此可以使用夹角趋向 180°作为一个判断河网主流的准则。同时，由于主流作为不同的支流共同汇入的河段，其河段的数目由于支流的汇入会变得比较多，因此整体的河段数目也要作为判断主流的影响因素。最后，结合地形的因素，主流的流量较大，水源的汇入也较多，主流整体的汇水区域也是判断主流的因素。本书参考的选取树状河网主流的因素如图 2－4 所示。

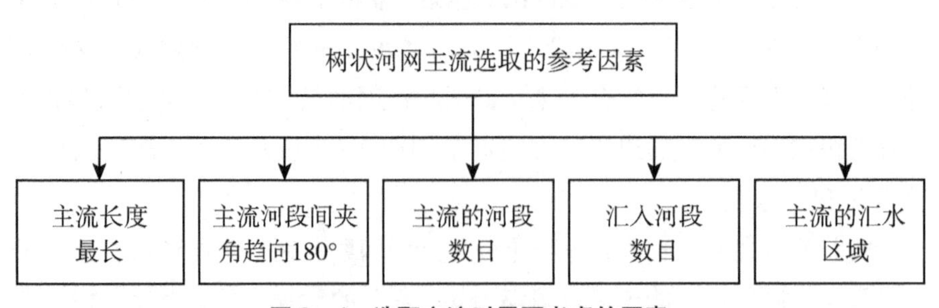

图 2－4　选取主流时需要考虑的因素

（三）求解主流的遗传算法设计

本书将选取主流的问题看作一个全局最优的问题，在全局优化的问题中综合考虑拓扑信息和语义信息，提出使用遗传算法的求解策略求取河网的主流，在此基础上建立河网的层次结构，完成屏幕可视化快速无级化简综合的研究。

本章提出的遗传算法，选取主流时需要考虑的因素包括拓扑信息和语义信息，拓扑信息选取树状河网的主流最长、主流河段间夹角趋向 180°、主流河段的数目，语义信息包括相同层次汇入主流的河段数目及主流的汇水区域，试验流程如图 2－5 所示。

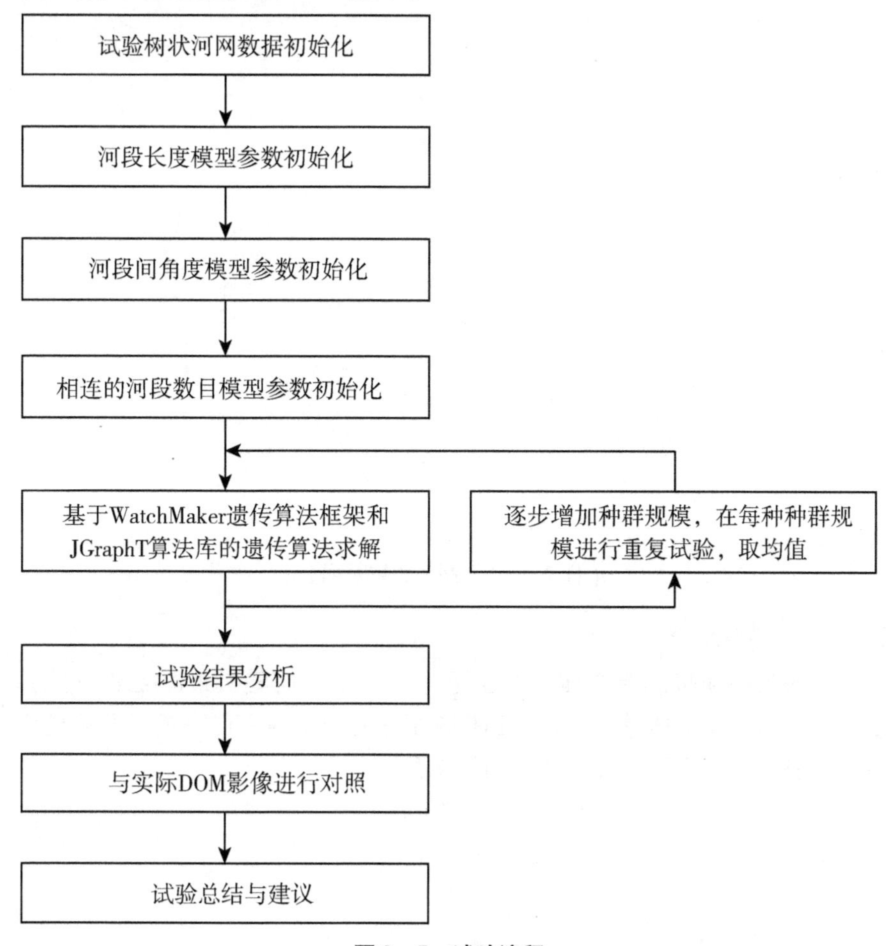

图 2－5　试验流程

（四）遗传算子和参数的设计

1. 河流染色体编码

传统遗传算法是基于等长的染色体进行种群进化的，但由于每条河段是不等长的，而且节点之间也无相对应的关系，等长染色体的方法无法应用到河流种群的进化上，因此本书采用的是变长染色体。每条河流对应一个染色体编码，采用整数序列的编码，河流从起点到终点的每个节点号作为相应基因的值。河流染色体的长度等于河流上所有节点的数目。河网结构的染色体编码如图 2－6 所示。

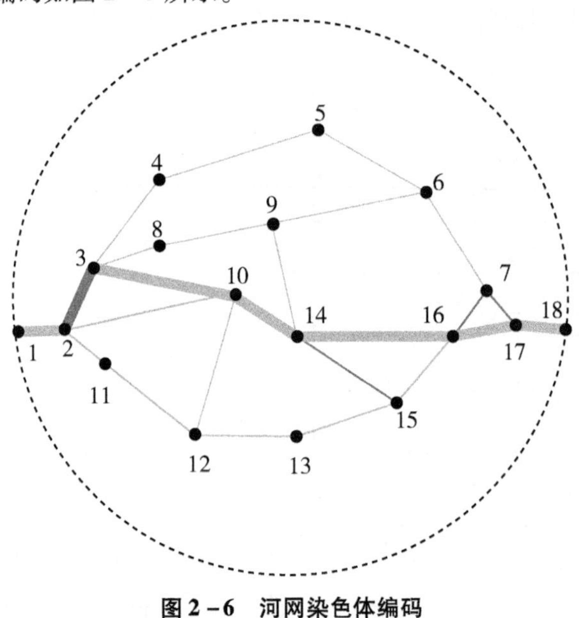

图 2－6　河网染色体编码

2. 河流的选择

从种群中随机选择个体来产生下一代。常用的随机策略是轮盘赌算法，个体被选中的概率与个体的适应度成正比，适应度越高的河段被选中的概率越大。一条河段 k 被选中的概率是

$$p = \frac{f(r_k)}{\sum_{i=1}^{m} f(r_i)} \tag{2-1}$$

3. 河流的交叉

传统的交叉操作是互换父代两条染色体的部分基因，达到交叉的效果，由于河流的染色体是变长的，因此可以使用单点交叉，从某个基因开

始，到最后一个基因，全部替换。例如，河流 a 的染色体编码是［1，2，3，10，14，16，17，18］，河流 b 的染色体编码是［1，2，3，8，9，14，15，16，7，17，18］。河流 a 和河流 b 在节点 14 进行交叉操作，那么生成的新的河流 a′的染色体编码变成了［1，2，3，10，14，15，16，7，17，18］，而生成的河流 b′则是［1，2，3，8，9，14，16，17，18］，如图 2－7 所示。

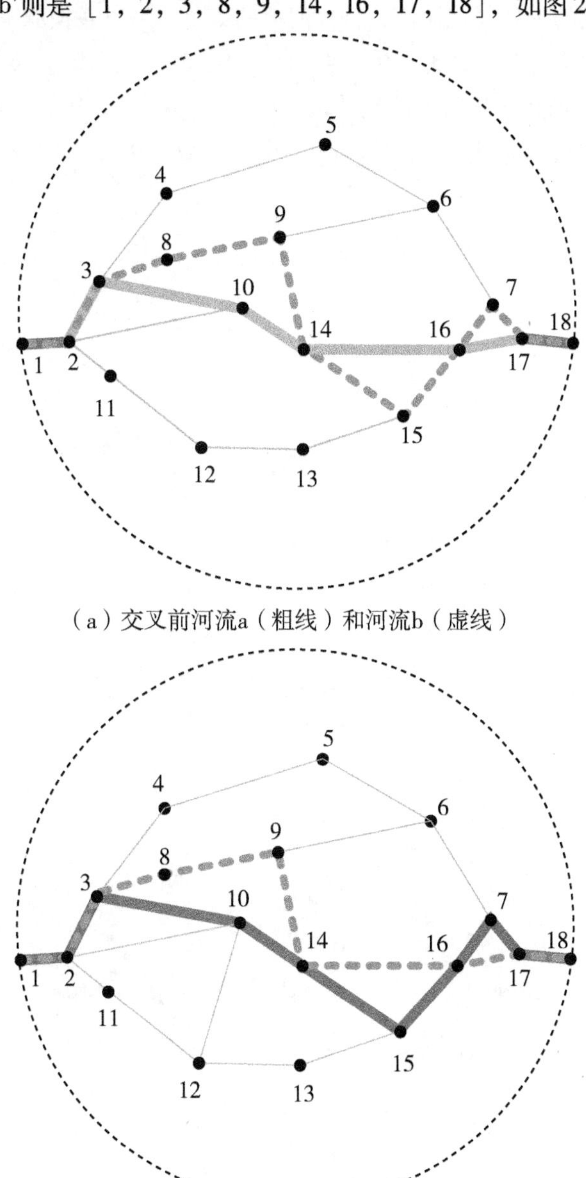

（a）交叉前河流a（粗线）和河流b（虚线）

（b）交叉后河流a′（粗线）和河流b′（虚线）

图 2－7　河流的交叉

4. 河流的变异

河流的变异操作，从河流上找出除起始节点之外的任意两个节点，由于寻找主流的终点不是固定的，因此变异发生的位置包括终点，而且发生在终点位置的变异对于寻找主流来说更有意义。根据快速河流构建算法，计算这两个节点之间的一条替代河流，替代河流的染色体编码替换原来的染色体编码。例如，河流［1，2，3，10，14，15，16，7，17，18］，变异的两个节点是2和16，构建一条新的河流［2，11，12，13，15，16］，则新的河流染色体编码为［1，2，11，12，13，15，16，7，17，18］，如图2－8所示。

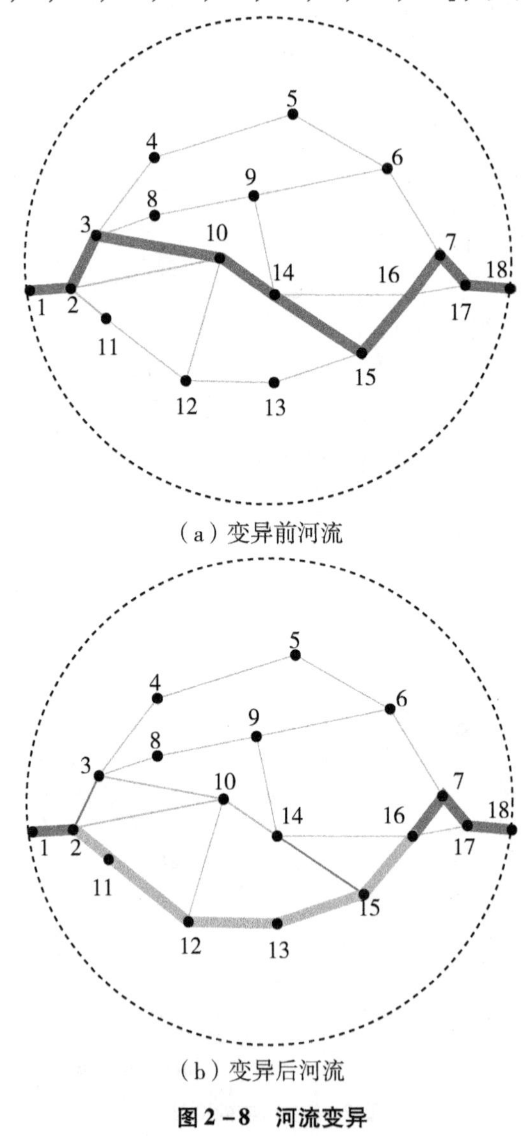

（a）变异前河流

（b）变异后河流

图2－8　河流变异

5. 河流的适应度评价

河流的适应度评价主要考虑 3 个因素：河流在分岔口的角度、河流的长度、河流穿过的汇水区总面积。河流在分岔口的角度越平缓，河流的长度越长，河流穿过的汇水区总面积越大，则河流的适应度越高，该河流分支更趋近于河流的主流。在一定程度下，这 3 个因素的值越大越好，而且这 3 个因素又是相互制约的，角度越好时，河流长度和穿过的汇水区总面积会相对变小；河流长度越大时，角度和汇水区总面积又会相应受到影响。河流整体适应度评价模型如下：

$$f_r = \alpha \sum_i Angle_i + \beta \sum_i Segment_i + \gamma \sum_i Basin_i \qquad (2-2)$$

式中：$Angle_i$ 表示在第 i 个分岔口，分岔口节点到前面河流段的向量，与分岔口节点到后面河流段向量的夹角。这个夹角越大，说明该河流分支在分岔口越平缓。其他非分岔口的河流节点不予考虑，因为我们认为受地形影响，非分岔点处的河流只能按照地势高低进行流动，跟该河流分支是否为主流之间没有必然关系。$Segment_i$ 表示第 i 段河流的长度，一定程度下河流的长度越长越好，然而要说明的是，最长的河流很可能不是主流。$Basin_i$ 表示河流穿过的第 i 个汇水区的像素面积，汇水区总面积越大说明河流汇集的水量越多，河流成为主流的可能性也越大。$Angle_i$ 使用 PI 进行归一化，$Angle_i$ 使用河流网络中最大的长度进行归一化，$Angle_i$ 使用最大的汇水区面积进行归一化。α、β、γ 是相应的权重调节系数，根据具体试验调整出最适合的评价模型。

6. 精英策略

为了防止进化过程中产生的最优解被交叉和变异所破坏，可以将每一代中的最优解原封不动地复制到下一代中。采用精英策略，每代种群保留最优的几条河流，防止种群的退化，引导种群朝最优方向进化。

7. 遗传算法过程

① 根据河流快速构建算法，初始化规模为 m 的河流种群，对河流进行染色体编码。执行第②步。

② 按轮盘赌算法从种群中选出两条河流，如果两条河流存在相同的节点，则对选出的河段做单点交叉，交叉率记作 p_C。交叉得到两条新的河流，检查新的河流是否存在环路，如果存在则删除环路，执行第③步。

③ 对河流做变异操作，变异率记作 p_M。随机选择两个节点，根据河流快速构建算法构建一条替代的河流。执行第④步。

④ 如果新产生的个体规模达到了 m，则用下一代种群替换上一代种群，上一代种群中最优的几个个体完整保留到下一代中。执行第⑤步。

⑤ 检查是否达到终止条件，若种群中最优河流已经达到了预设值，或者种群进化次数超过了迭代次数的最大值，则终止算法，否则跳到第②步。

8. 河流快速构建算法

给定起点和终点，河流快速构建算法可以构建一条随机的没有环路的河流（从河流出口节点开始回溯），河流快速构建算法如下。

算法 2.1：河流快速构建算法

Begin

Step1　初始化河流 r，河段中添加起点。初始化已经遍历的节点列表 list；

Step2　对于节点 n 的所有连通节点 m，如果节点 m 不在 list 中，也不在 r 中，那么随机从 m 中选取下一个节点，选取节点 o，r 河段中添加节点 o；

Step3　若节点没有连通的下一个节点，则回溯河段，删除最后一个节点；

Step4　递归执行 Step2 和 Step3，直到终点落入河流 r 的节点中。

End

河流快速构建算法会沿着某一条分支一直遍历，直到该分支到达终点；达到终点后回溯到上一节点，直到节点下所有分支都被遍历完成，通过已遍历节点列表 list 可以防止某一节点被多次遍历，加快河流构建的效率。

（五）试验和结果分析

1. 试验数据

由于本书的重点是一种顾及地形的树状河网的综合，因此需要采用矢量数据和地形数据相结合的试验方式。同时，为了使地形数据更加具有参考性，本书选择了一块具有一定地形跨度的区域进行模拟试验。

本试验的地图采用的是我国西部某地区 1：50 000 地形图及相关数字线化图，相关文件规范参考了国家标准 GB/T 19710—2005《地理信息元数据》和《1：50 000 数据库工程总辑》中的“数字高程模型元数据文件的内容和格式”及“数字正射影像元数据文件的内容和格式”。选取了昆仑河附近的一块区域作为试验区域，该区域共由 297 条线串 2049 个节点构成，试验对该区域的树状水系构建拓扑关系，建立树状河网，每条河段关联了前节点和后节点，并对试验需要的其他参数进行了设置，该试验数据如图 2 -9 所示。

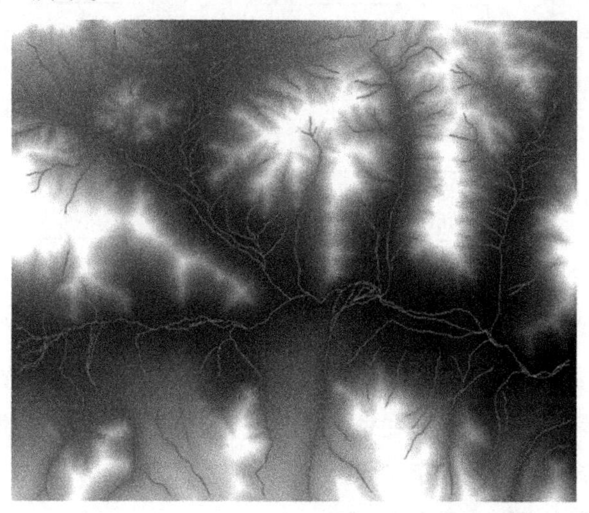

图 2 -9　加入了 DEM 数据的树状河网数据

2. 河网的描述和参数的计算

本书采用节点类（Node）和河段类（Stream）来描述整个树状河网。

(1) 节点的描述方法和计算

节点类的相关信息如下：

① 节点的编码（ID）；

② 节点的坐标（X、Y、Z）；

③ 节点的入度（InDegree）和出度（OutDegree）。

节点类的具体定义如下：

```
class Node
{
    int m_ nNodeID;
```

```
    double m_ dX, m_ dY, m_ dZ;
    int m_ nInDegree, m_ nOutDegree;
}
```

节点的结构和指标计算方式如图 2－10 所示。

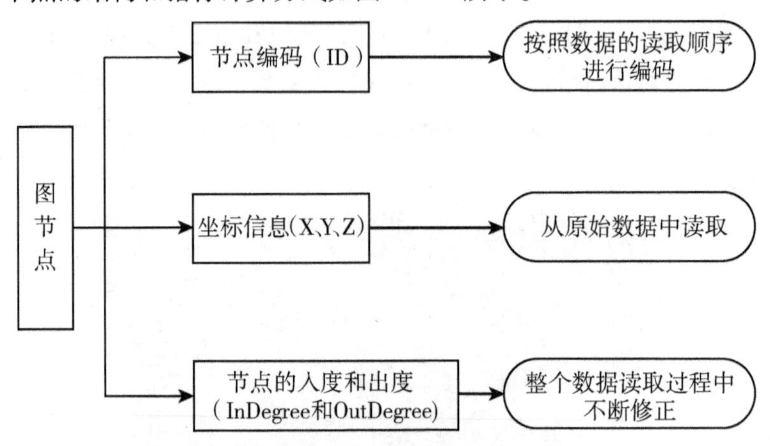

图 2－10　节点的结构和指标计算方式

节点的编码是在数据读取的时候按照读取顺序进行编码的，节点的坐标信息是直接从原始数据进行读取的，节点的入度和出度是在数据读取过程中。确定河流的流向后，在整个读取过程中不断进行修正的。整个数据读取完毕，节点的度就确定了。

（2）河段的描述方法和计算

河段类的相关信息如下：

① 河段的编码（ID）；

② 河段的起始和终止节点（VStart 和 VEnd）；

③ 河段的所有顶点数目（包括起始和终止节点，PointNumber）；

④ 河段的所有顶点坐标（相关顶点的 X、Y、Z 坐标）；

⑤ 河段的长度（Length）；

⑥ 河段相关边的集合（包括上流河段、下流河段的标识及相关边与该河段的夹角，Relation）；

⑦ 河段的 Horton 编码（Horton）；

⑧ 河段的汇水面积（Area）。

河段类的具体定义如下：

```
class Stream
```

```
{
int m_ nStreamID;
Node m_ VStart , m_ VEnd;
int m_ nPointNumber;
vector < Point * > m_ points;
double m_ dLength;
map < Relation * , Stream * > m_ Streams; //Relation 结构体主要包括上下游关系和夹角
int m_ nHorton;
double m_ dArea;
}
```

河段的结构和指标计算方式如图 2－11 所示。

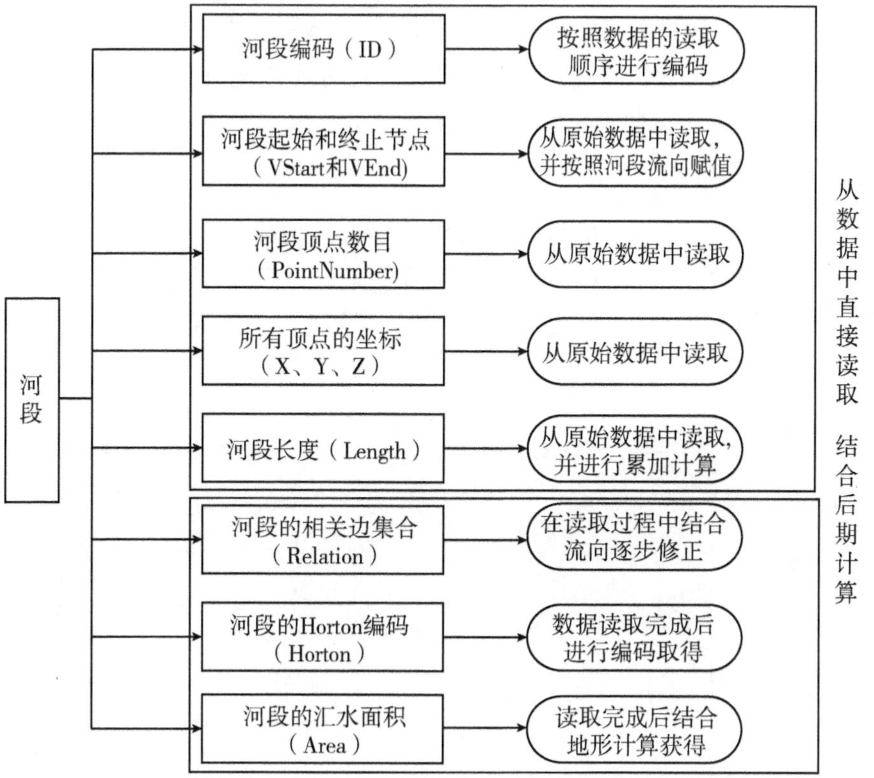

河段

从数据中直接读取：
- 河段编码（ID）→ 按照数据的读取顺序进行编码
- 河段起始和终止节点（VStart和VEnd）→ 从原始数据中读取，并按照河段流向赋值
- 河段顶点数目（PointNumber）→ 从原始数据中读取
- 所有顶点的坐标（X、Y、Z）→ 从原始数据中读取
- 河段长度（Length）→ 从原始数据中读取，并进行累加计算

结合后期计算：
- 河段的相关边集合（Relation）→ 在读取过程中结合流向逐步修正
- 河段的Horton编码（Horton）→ 数据读取完成后进行编码取得
- 河段的汇水面积（Area）→ 读取完成后结合地形计算获得

图 2－11　河段的结构和指标计算方式

河段的编码是按照数据的读取顺序进行编码的。河段的起始和终止节

点是从原始数据中读取坐标信息，并结合地形，确定河段的流向后进行赋值的。河段的顶点数目是直接从原始数据中读取并计数的。河段所有顶点的坐标信息是直接从原始数据中读取并存储的。河段的长度是在数据读取的时候进行累加计算获取的。河段的相关边集合需要在读取数据的时候不断地与现有的河段列表进行比照，寻找相交的河段并进行记录获得的，只有在所有的数据都读取完毕之后，才能获得每个河段所有相关边的正确集合。需要注意的是，在对河段的相关边集合进行插入的时候，需要计算相关边与被插入边的上下游关系和夹角。河段的 Horton 编码是在数据读取完成后编码获得的，具体方法将在下面讲述。河段的汇水面积是结合地形计算获得的，具体流程将在下面讲述。

（3）流向的计算

流向的确定主要是结合地形完成的。比较整个河段上各个顶点间的地形高低情况，即可确定流向。对于相对平坦的地形，通过地形来确定流向往往是不太准确的，因此，本书通过夹角的方式确定河流的流向。Egenhofer 在其论文中将河段的夹角与汇入关系分为以下 9 种情况，如表 2－1 所示。

表 2－1　河段的夹角与汇入关系

示例	夹角			下游河段
	$\theta_{1,3}$	$\theta_{1,2}$	$\theta_{2,3}$	
1	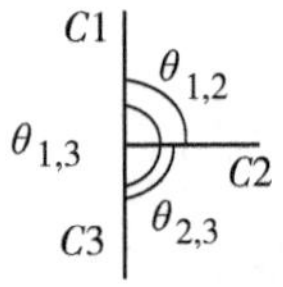 =180°	=90°	=90°	$C1$ or $C3$
2	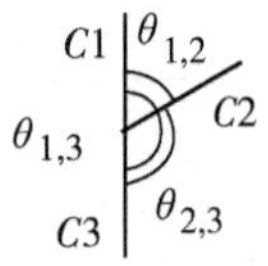 =180°	<90°	>90°	$C3$
3	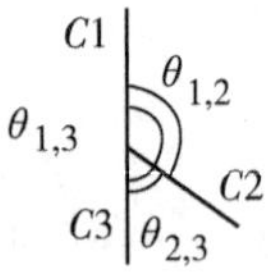 =180°	>90°	<90°	$C1$

续表

示例	夹角			下游河段
	$\theta_{1,3}$	$\theta_{1,2}$	$\theta_{2,3}$	
4	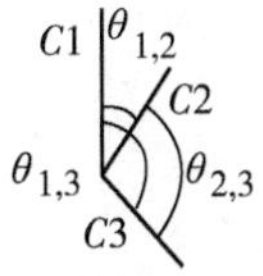 $<180°$	$\leqslant 90°$	$\geqslant 90°$	$C3$
5	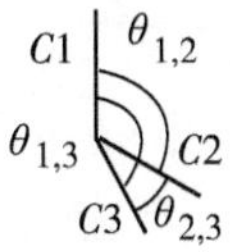 $<180°$	$\geqslant 90°$	$\leqslant 90°$	$C1$
6	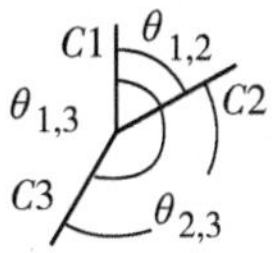 $>180°$	$\leqslant 90°$	$\geqslant 90°$	$C3$
7	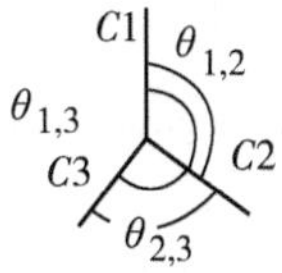 $>180°$	$\geqslant 90°$	$\leqslant 90°$	$C1$
8	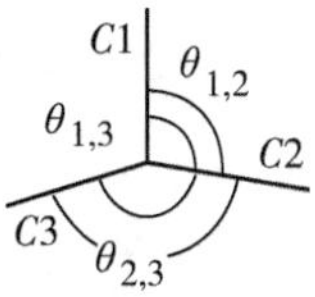 $>180°$	$\geqslant 90°$	$\geqslant 90°$	$C3$ if $\theta_{1,2} < \theta_{2,3}$ $C1$ if $\theta_{2,3} < \theta_{1,2}$
9	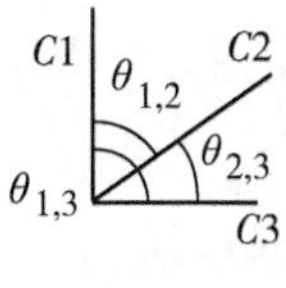 $<180°$	$<90°$	$<90°$	$C3$ if $\theta_{1,2} < \theta_{2,3}$ $C1$ if $\theta_{2,3} < \theta_{1,2}$

在本书中，河流的流向是由地形数据和主支流的夹角共同决定的。当一个河段的起始和终止节点的地形高程相差较大时，可根据高程数据对河流的流向进行判断；当起始和终止节点的地形高程相差较小时，可根据夹角的方式对河流的流向进行判断。以图 2－3 所示的树状河网数据为例，进行流向判断后的流向结果如图 2－12 所示。

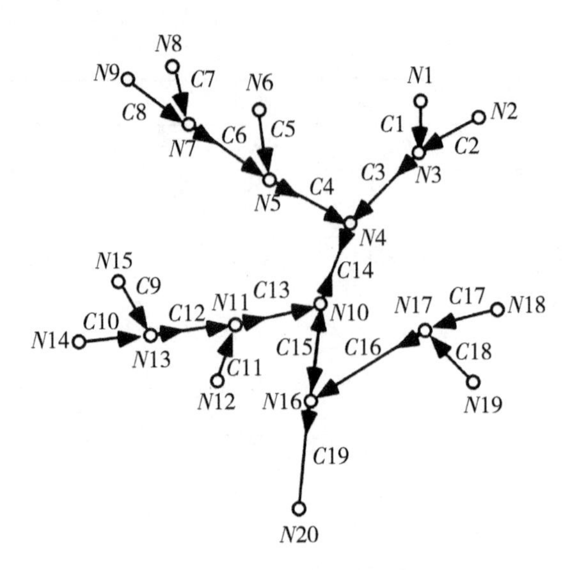

图 2-12　进行流向判断后的流向结果

（4）汇水区域的计算

汇水区域又称作集水区域、集水盆地、流域盆地，是指地表径流或其他物质汇聚到一个共同出水口的过程中所流经的地表区域（朱庆，2005）。

目前主流的计算汇水区域的相关算法有 D8 算法（Callaghan 等，1984）、Dinf 算法（Tarboton，1997）。

D8 算法的主要思想是在一个以中心网格 c 为中心的 3×3 的四边形网格中，计算 c 与其相邻的 8 个网格 m_1，m_2，…，m_8 之间的距离落差 D，将与 c 具有最大的距离落差 D 的相邻网格 m_i 作为地形的汇流方向。

Dinf 算法的主要思想是在一个以中心网格 c 为中心的 3×3 的四边形网格中，c 与其相邻的 8 个网格 m_1，m_2，…，m_8 形成了 8 个平面三角形，计算每个平面三角形的坡度。选出坡度最大的平面三角形，将其确定的两个下游网格作为流量的分配单元，并分配流量。

另外，通过 ArcGIS 的提取算法也能快速地生成汇水区域图。

由于本书在前面章节计算矢量数据插值的时候，预先对相关的地形数据进行了部分处理，因此，利用在处理地形时对地形数据进行的多等级地形优化网格并结合 D8 算法的基本思想，能够更快地完成汇水区域的计算。

算法 2.2：汇水区域计算算法

Begin

Step1　根据 DEM 数据的采样数量，初始化一个特征矩阵，并将其数值全部标0；

Step2　对于任意一个河段，根据河段的流向选取其出水口作为算法的起点，将出水口的节点所占据的地形网格在特征矩阵中对应的值设为1，将这个顶点推入地形搜索堆栈；

Step3　当堆栈非空时，出栈一个顶点，判断该顶点相邻的8个网格的高程值，如果其高程值大于等于中心网格的高程值，且其在标志矩阵的数值为0（未被处理过的地形），则将其入栈，并将其特征矩阵值设为1；

Step4　入栈后在多等级的地形优化网格的“零失真网格中”搜索需要入栈的地形网格，如果发现在“零失真网格中”，该网格处在被认为“0失真”的平坦优化网格中，则将优化网格中其他的所有网格全部入栈；

Step5　不断处理堆栈直到完成入水口网格的处理，记录特征矩阵中所有标志为1的网格个数，即可代表当前河段的汇水面积。

End

3. 计算流程和示例

（1）计算流程

数据的读取和计算流程如图2－13所示。

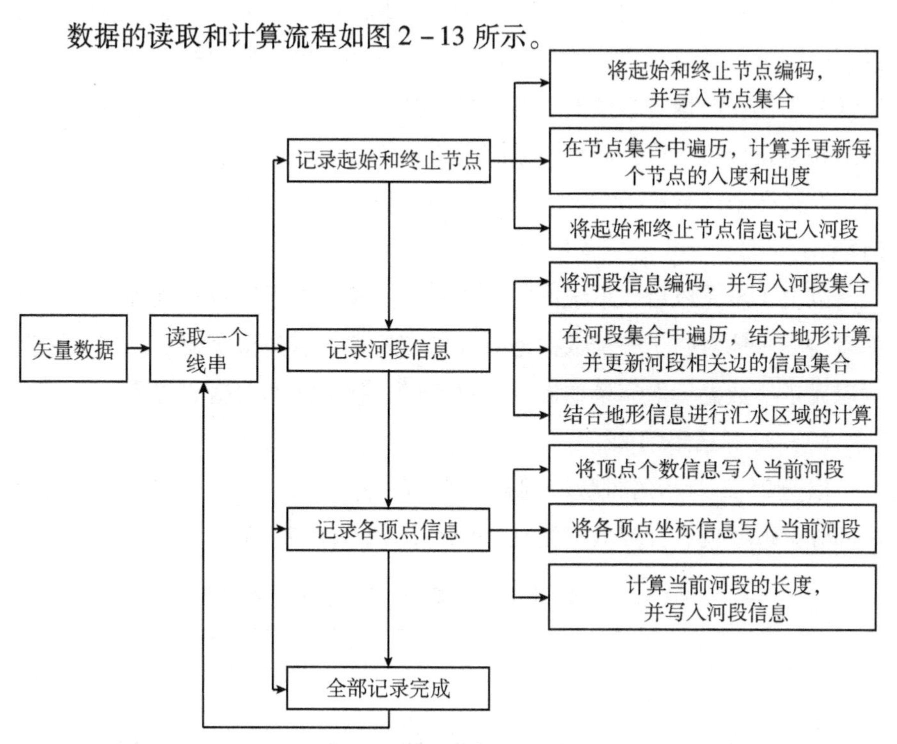

图2－13　数据的读取和计算流程

在对一个树状河网数据进行读取的时候，系统会以线串为单位，逐一读取。读取完一个线串之后，系统会分 3 步完成整个线串数据的读取流程。

①记录河段的起始和终止节点的流程。在该流程中，首先系统会将起始和终止节点编码，作为一个节点对象写入节点集合。其次，系统会对节点集合进行遍历，根据现有的节点数据，计算和更新节点的入度和出度。（由于此处只需对集合进行一次遍历，和所有节点记录完成后再全部遍历的复杂度相同，只是将这部分计算分步进行。）最后，系统会将起始和终止节点的信息记入相关的河段对象中，用于后面的步骤。

②记录河段信息的流程，这是最主要的一个流程。首先，系统会将河段信息进行编码，作为一个河段对象写入河段的集合中。其次，系统会对河段的集合进行遍历，结合相关的地形信息和流向信息，对河段的上游河段集合和下游河段集合进行修正。最后，系统会对当前河段的汇水区域的面积进行计算，并写入相关的河段信息。

③记录各顶点信息的流程。由于一个河段数据除了起始和终止节点之外，还有很多的中间顶点，为了便于后期的绘制，直接记录在河段的数据类型中即可完成全部顶点的录入，绘制时不必再去原始数据中读取，因此这部分工作在数据进行读取时是十分必要的。首先，系统会将顶点的个数确定并写入当前河段。其次，系统会将各个顶点的坐标记入当前河段。最后，在进行坐标数据读取时，系统会同时计算河段的长度，并记入当前河段。

以上 3 步完成后，系统即完成了一个河段的数据读取和处理工作。下面将会顺序地对整个矢量数据进行读取和处理，直到整个树状河网的数据读取完毕。数据读取完毕的同时，也完成了整个河网数据的初始化。

（2）计算结果示例

以图 2－3 所示的树状河网数据为例，将前 10 个节点和前 10 个河段的部分读取数据和计算数据汇总，如表 2－2 和表 2－3 所示。

表 2－2　前 10 个节点的部分读取数据和计算数据

节点	ID	入度	出度
$N1$	0	0	1
$N2$	1	0	1

续表

节点	ID	入度	出度
*N*3	2	2	1
*N*4	3	2	1
*N*5	4	2	1
*N*6	5	0	1
*N*7	6	2	1
*N*8	7	0	1
*N*9	8	0	1
*N*10	9	2	1

表2-3　前10个河段的部分读取数据和计算数据

河段	ID	起始节点	终止节点	相关边
*C*1	0	*N*1	*N*3	*C*2、*C*3
*C*2	1	*N*2	*N*3	*C*1、*C*3
*C*3	2	*N*3	*N*4	*C*1、*C*2、*C*4、*C*14
*C*4	3	*N*5	*N*4	*C*5、*C*6、*C*3、*C*14
*C*5	4	*N*6	*N*5	*C*6、*C*4
*C*6	5	*N*7	*N*5	*C*8、*C*7、*C*5、*C*4
*C*7	6	*N*8	*N*7	*C*8、*C*6
*C*8	7	*N*9	*N*7	*C*7、*C*6
*C*9	8	*N*15	*N*13	*C*10、*C*12
*C*10	9	*N*14	*N*13	*C*9、*C*12

数据读取完成后，所有的节点信息、河段信息都存入数据库中与之对应的节点信息表和河段信息表中，将每个对象的编码ID作为数据库表的主键进行区分。

（六）主流选取试验与结果分析

1. 数据说明及预处理

从原始的河流SHP数据和DEM数据抽取节点和河段数据：节点数据包括节点X坐标、Y坐标、高程信息和所在汇水区域面积；河段数据包括起始节点、终止节点和河段长度。

节点高程信息用于辅助判断河段的流向。

2. 遗传算法试验及分析

基于遗传算法，做了 3 组试验，分别研究了河流的适应度与种群进化次数的变化关系，最优主流河流适应度与变异率的关系和主流的选取试验。算法的具体实现基于 Watchmaker 遗传算法框架。

（1）河流适应度与种群进化迭代次数的变化关系

种群规模 m 设为 100，变异率 p_M 为 0.5，交叉率 p_C 为 0.5，终止条件是迭代次数达到 200。由于寻找河流主流时，河流终点变化更有意义，因此需要调大变异率以获得更好的结果。算法重复运行了 100 次，取平均值，以减少算法的偶然性误差。试验结果如图 2 – 14 所示。

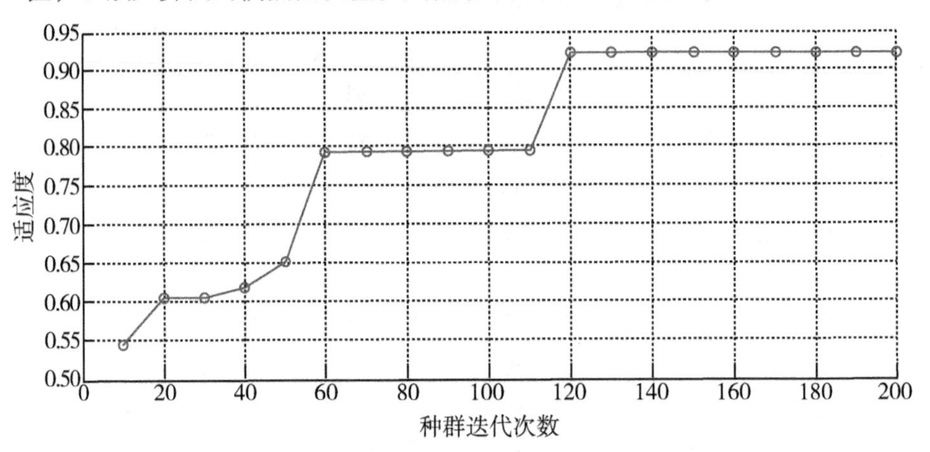

图 2 – 14　迭代次数对适应度的影响

从图 2 – 14 可以看出，随着种群不断进化，迭代次数不断增加，河流的适应度逐渐增加，最后在 0.923 左右趋于稳定。基于种群的迭代，获得了更趋近于主流的河流。

（2）河流适应度与变异率的关系

河流主流跟河流终点有很大关系，起点和终点之间的河段变化倒不是很大，因为有地形和流向的辅助，河流河段是比较规则的，起点和终点确定之后，河段基本上是固定了，变化不会很大。因此，变异率在寻找河流主流的试验里起着比较关键的作用。本书针对变异率对最终结果的影响做了如下试验：交叉率保持 0.5 不变，变异率从 0.3 开始，直到 0.9，每个情况下，分别运行遗传算法试验 100 次，取平均值。试验结果如图 2 – 15

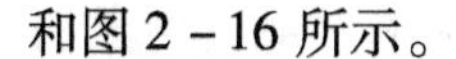

和图 2－16 所示。

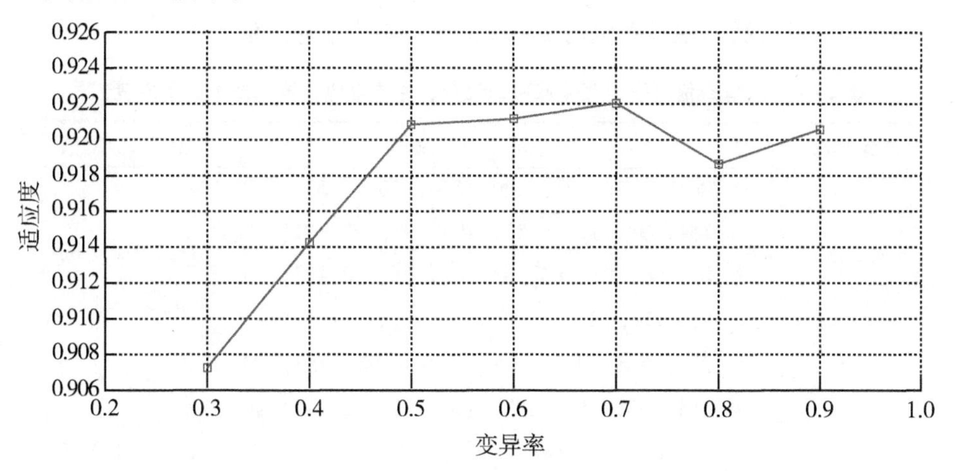

图 2－15　变异率对适应度的影响

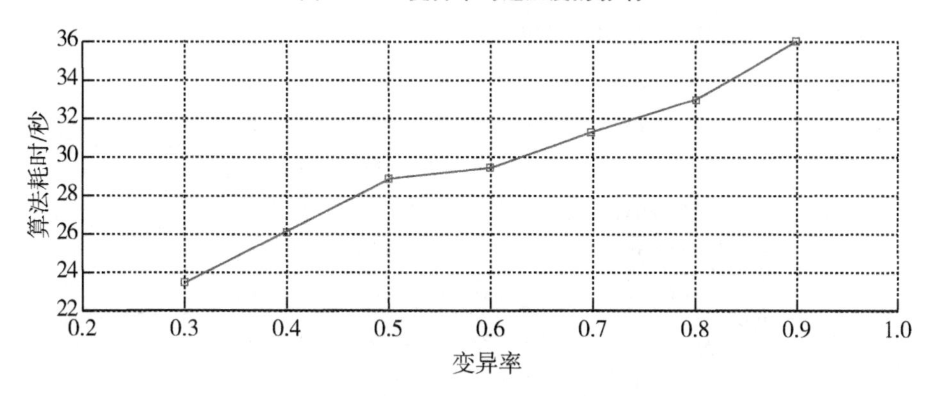

图 2－16　变异率对算法耗时的影响

从上述试验结果可以看到，在一定范围内，变异率的增大有助于提高遗传算法的效果，最终获取的河流的适应度更高。当变异率大于 0.7 之后，变异率的提高并没有带来最终结果适应度的提高。变异率值越大，算法耗时越长。因此，对于寻找主流的遗传算法来说，最佳的变异率取值范围是 0.5～0.7。这个范围内的最优河流的适应度比较高、收敛快，而且耗时也适中。

（3）主流选取试验结果

种群规模 m 设为 100，变异率 p_M 为 0.5，交叉率 p_C 为 0.5，终止条件是 200 代种群进化内最优河流的适应度不再增加，即趋近于一个最大值。试验重复运行了 100 次，取平均值，以减少偶然性误差和遗传算法不同河段选择造成的误差。表 2－4 给出了不同试验次数的各次求解最优河段的遗传算法迭代数、最优河段的染色体编码及最大适应度值。

表 2－4　求解最优河段的遗传算法迭代数、主流染色体编码及最大适应度值

试验次数	迭代数	主流染色体编码	最大适应度值
第 1 次	49	206，205，103，100，156，102，155，148，154，98，153，152，190，93，92，91，90，89，88，85，84，83，82，73，80，75，74，76，119，118	18.703 231 00
⋮	99	206，205，103，100，156，102，155，99，154，98，153，152，190，93，92，91，90，89，88，85，84，83，82，73，80，75，74，76，119，161，243，95，94，78，77，87，134，7，108，109	25.093 255 00
	149	206，205，103，100，156，155，99，98，153，152，151，93，92，91，90，89，88，85，84，83，82，73，72，75，74，76，119，161，243，95，94，78，77，87，79，71，70，96	26.556 172 00
	199	206，205，103，100，156，155，99，98，153，152，151，93，92，91，90，89，88，85，84，83，82，73，72，75，74，76，119，161，243，95，94，78，77，87，79，71，70，96	27.734 268 40
第 50 次	50	206，205，103，100，156，102，155，148，154，98，153，152，190，93，92，91，90，89，88，85，84，83，82，73，80，75，74，76，119，118	18.733 677 00
⋮	150	206，205，103，100，156，155，99，98，153，152，151，93，92，91，90，89，88，85，84，83，82，73，72，75，74，76，119，161，243，95，94，78，77，87，79，71，70，96	25.334 183 50
	200	206，205，103，100，156，155，99，98，153，152，151，93，92，91，90，89，88，85，84，83，82，73，72，75，74，76，119，161，243，95，94，78，77，87，79，71，70，96	27.114 588 90

续表

试验次数	迭代数	主流染色体编码	最大适应度值
第 100 次	50	206，205，103，100，156，102，155，148，154，98，153，152，190，93，92，91，90，89，88，85，84，83，82，73，80，75，74，76，119，118	17.376 528 91
· · ·	120	206，205，103，100，156，155，99，98，153，152，151，93，92，91，90，89，88，85，84，83，82，73，72，75，74，76，119，161，243，95，94，78，77，87，79，71，70，96	23.356 185 40
	150	206，205，103，100，156，155，99，98，153，152，151，93，92，91，90，89，88，85，84，83，82，73，72，75，74，76，119，161，243，95，94，78，77，87，79，71，70，96	28.871 090 10

故本次试验的河流主流选取结果为：(206，205，103，100，156，155，99，98，153，152，151，93，92，91，90，89，88，85，84，83，82，73，72，75，74，76，119，161，243，95，94，78，77，87，79，71，70，96)。

（七）试验结果和结论

从上述遗传算法的运行过程和试验结果分析，可以得到下列结论：

① 通过遗传算法来寻找河流的主流是可行的，计算获得的主流，通过和遥感影像对比，也基本符合实际情况。

② 该遗传算法同时考虑了拓扑信息和语义信息，是一种易于扩展、性能稳定的优化求解方案。

③ 本书给出了河流主流遗传算法中变异率的最佳取值范围。

④ 目前评价模型只考虑了 3 个主要因素：河流在分岔口的角度、河流的长度、河流穿过的汇水区域总面积。如果考虑更多的因素，评价模型会更完善，结果会更加准确。

第5节　基于Horton编码的河网结构求取

（一）Horton编码

水系网结构最基本的是分支和汇合，具有一定的自相似，Horton在研究流域侵蚀发育的定量形态时，提出了水系的组成定律（Horton，1995），即Horton定律。水系具有和谐的等级和空间特征，其结构特征和数量关系可以Horton定律进行描述，Horton定律的定量表述涉及水道等级的划分方案（赵春燕，2004）。

水道组成的Horton定律，表明水流在重力作用下随机发育的必然结果，其基础是关于“水道等级”为中心的水道数目分配。Horton提出河网的主流为Horton编码最高级（N级），主流的次一级支流为Horton编码$N-1$级，以此类推，最小的不分支的支流为第1级。河流的Horton编码是基于河流实体组织的，不同级别的河流实体是根据主支流的关系确定不同的级别。

根据Horton编码的定义，河网中最小的不分支的支流为第1级，河网的主流为最高级，树状河网的Horton编码具有如下特点：

① Horton编码反映河网的等级体系关系，河段的Horton编码与河网的支流到主流的关系形成相对应的等级关系。河流的主流一定是具有最大Horton编码值的河段，而不再流出的最小支流的Horton编码为1。

② Horton编码反映河网中子树的深度，Horton编码为N的河段会有$N-1$级的子树。当两河段相连时，Horton编码相差1的河段必然为父子关系。

（二）Horton编码的建立方法和算法

Horton编码需要先确定河网的主流。依照上文提出的识别主流的方法，先在树状河网中识别主流，之后采用递归的办法根据主流寻找主流的一级支流，在一级支流上寻找在一级支流上的二级支流。以此类推，直到覆盖图中的每个河段，得到树状河网的不同级别的支流。根据树状河网子树的深度来确定主流的 Horton 编码。

当确定河网的主流之后，河网的 Horton 编码的建立步骤分为两步：

① 以主流为基础，计算主流的每个子树的深度，找寻最深子树的深度，确定主流的 Horton 编码。若最深子树的深度为 $N-1$，则主流的 Horton 编码为 N。

② 主流的各河段的 Horton 编码定为 N，在主流的一级支流中，搜索河流层次最深的 $N-1$ 级，定为 $N-1$，依次向下，直到所有的节点。

算法 2.3：Horton 编码算法

Begin

Step1　取出这个河网的河段数 M，将主流的 Horton 编码记为 M；

Step2　遍历主流的第一个相连子树，找寻其最深等级的河段，将其编码记为 $M-1$，依次向下，直到所有的节点；

Step3　依次遍历每个与主流相连的子树，并按照 Step2 的算法，依次向下，直到所有的节点；

Step4　找寻整个河网中编码最小的河段，其编码记为 S；

Step5　将主流的 Horton 编码改为 $M-S+1$；

Step6　依次遍历每个与主流相连的子树，找寻子树中的最小编码河段，其编码记为 T，将每个子树中的河段的 Horton 编码减去 $T-1$。

End

此算法实际上是先假设一个最大的值作为主流的 Horton 编码，之后在不断遍历的过程中去修正编码，这样比先遍历一遍河网确定主流的编码更有效率。

Horton 编码的试验和结果将在后文的试验和结果中给出。

第 6 节　顾及地形语义的树状河网的快速无极综合算法

（一）综合因素的确定

树状河网的选取和概括需要综合考虑多种因素，包括河段的 Horton 编码、河段的长度、河段的汇水面积（顾及地形）、河段的子河段数量。在对树状河网进行河段取舍的时候，需要综合考虑这些要素。可以把河段的选取权重看作一个函数，将上述因素作为函数的参数，即 $Weight = F(HortonKey, Length, Area, SubstringNumber)$。相关参数说明如下。

1. 河段的 Horton 编码

河段的 Horton 编码是对河网数据进行选取的最主要因素，Horton 编码不仅反映了树状河网中各个河段之间的等级关系，也反映了各个河段在树状结构中的深度。由于主流具有最高的 Horton 编码，因此在进行树状河网多比例尺选取的时候，只需要按照 Horton 编码的码值，由低到高进行舍去即可。

2. 河段的长度

河段的长度实际上是直接和地图的比例尺挂钩的，不同的比例尺下需要设定一个河段长度的阈值。长度在这个阈值之下的，且满足需要舍去的 Horton 编码的河段，将会被舍去。

3. 河段的汇水面积

河段的汇水面积也是河段进行综合选取的重要指标。在 Horton 编码相同的情况下，根据河段的汇水面积对同等级河段进行“量化”，同等级河段的汇水面积的大小可以决定河段的“重要性”。在枝叶节点的选与舍上，汇水面积的大小也可以提供一个明确的分界条件。

（二）三维环境下无级综合的动态分界尺度

在地图综合中，分界尺度表现为几种阈值，如面积阈值和距离阈值等。在地图制图自动无级综合的过程中，动态分界尺度是解决无级综合的关键。动态分界尺度是不固定的分界尺度，该分界尺度随着地图比例尺变化而变化。它在地图上计量价值的分界尺度是固定的，但是在实践综合的过程中要按实际计量价值的分界尺度规则变化，这样在不同的新编地图比例尺就有不同的分界尺度，指导综合的过程（陈琼安，2014）。

动态分界尺度值 S 等于地图上的分界尺度值 s 乘新编地图比例尺的分母 M（陈琼安，2014）：

$$S = s \cdot M \tag{2-3}$$

但是在三维环境下的分界尺度并不是简单地和地图的比例尺相关，公式（2－3）中的 M 需要与实时的屏幕绘制状态和相机参数相关：

$$M = CameraHeight * \mathrm{COS}\ (tilt)\ * Scale *\ (30/FPS) \qquad (2-4)$$

式中：*CameraHeight* 是相机距离地面的高度，*tilt* 是相机的倾斜角，*Scale* 是地图的比例尺，*FPS* 是系统的帧数。也就是说，相机高度越高（视点离地表越远）、倾斜度越大（视点越偏离正射）、地图比例尺越大、系统帧数越不足，分界尺度就越大。

在地图制图自动综合中，动态分界尺度用来指导地图的化简过程。不同的分界尺度就有不同选取和概括等方案，这是得到多尺度新编地图的基础。

（三）综合算子的设计

1. 选取

选取是重要的综合算子之一。系统在完成树状河网数据的录入和相关编码计算后，需要确定对树状河网进行综合的比例尺，并使用动态的分界尺度公式来计算相关比例尺下的各个因素的阈值。选取工作相当于设计了不同大小网眼的网去过滤所有的河段，漏过网眼的数据被舍去，留在网中的数据被保留。

系统会使用 Horton 编码的标准去过滤所有的河段，不满足 Horton 编码要求的河段全部被推入舍去河段的集合。之后，在对被舍去河段集合中的所有河段进行过滤，把不满足长度要求的河段留在该集合，满足长度要求的河段移出被舍去河段的集合。用同样的方法对汇水面积和子河段数进行过滤，将被舍去河段集合中最后剩下的河段舍去。这样就完成了一个比例尺的树状河网的综合。选取操作流程如图 2－17 所示。

之后在已经完成综合的数据基础上，重新设定新比例尺下相关新的阈值进行计算，完成新比例尺下的综合工作。直到所有需要综合的比例尺的计算全部完成。多比例尺的选取流程如图 2－18 所示。

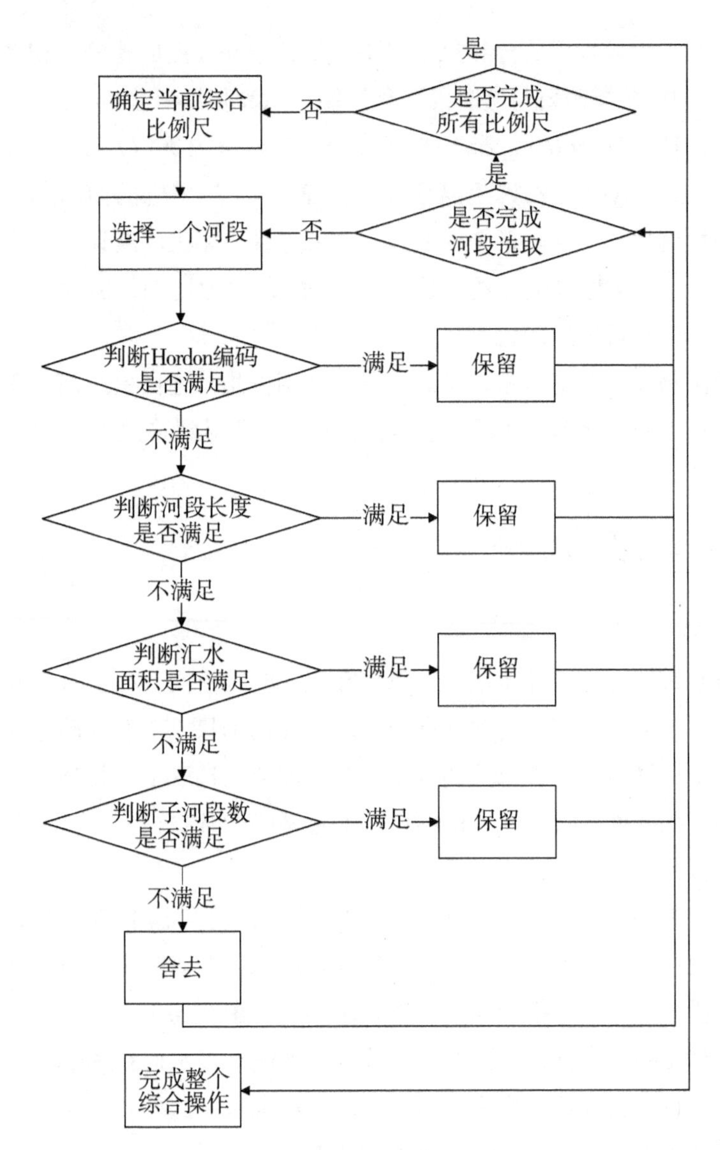
是
确定当前综合比例尺
否
是否完成所有比例尺
是
选择一个河段
否
是否完成河段选取
判断Hordon编码是否满足
满足
保留
不满足
判断河段长度是否满足
满足
保留
不满足
判断汇水面积是否满足
满足
保留
不满足
判断子河段数是否满足
满足
保留
不满足
舍去
完成整个综合操作

图 2－17　选取算法流程

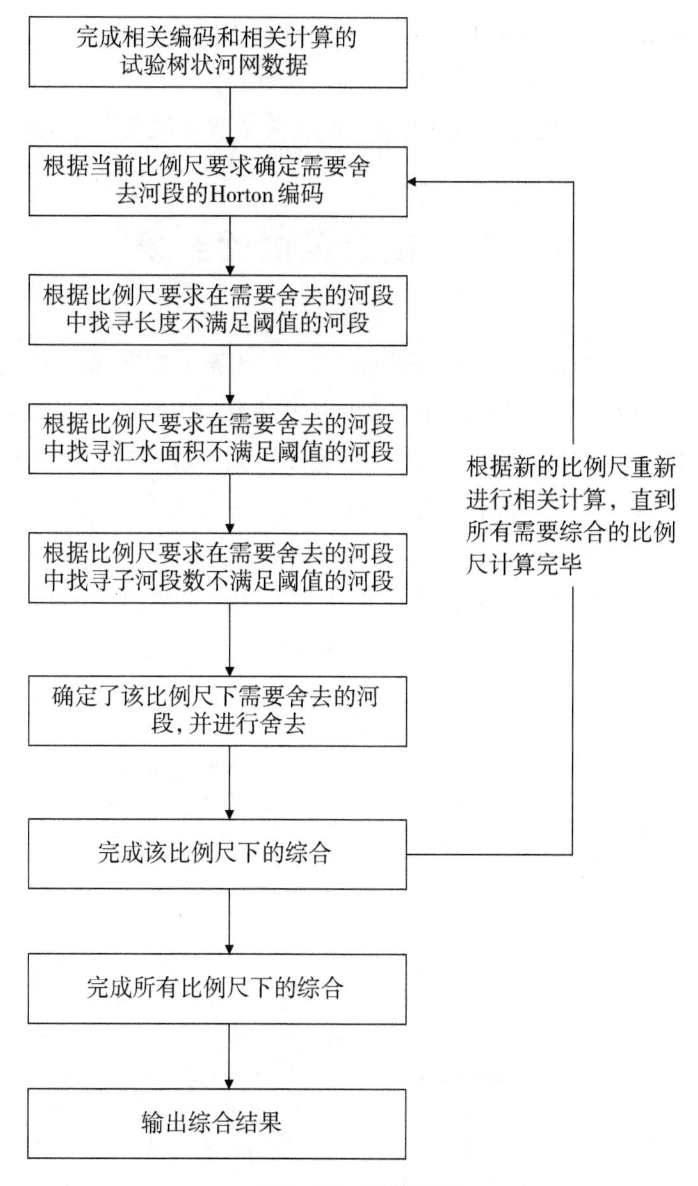

图 2－18　选取流程

2. 概括

概括的部分是在选取之后进行的。概括的核心就是使用道格拉斯算法（DP 算法）对数据进行简化，从而根据不同比例尺的要求实现概括的效果。概括是以河段为单位进行的。

其中，DP 算法的阈值 D 也与实时的屏幕绘制状态和相机参数相关。

相机高度越高（视点离地表越远）、倾斜度越大（视点越偏离正射）、地图比例尺越大、系统帧数越不足，分界尺度就越大。

经过 DP 算法的优化，能够有效地减少矢量数据顶点，提高绘制效率。

第 7 节　试验及试验结果

本书使用上文说明的国家西部 1：50 000 水系的数字线化图作为数据源，如图 2－19 所示，进行多比例尺的制图综合。按照试验的流程，首先根据地形确定了这个河网的流向是由西向东；其次对数据进行录入；最后在录入数据的同时，计算了相关的属性，并存入数据库表。节点表（Node）和河段表（Stream）如表 2－5 和表 2－6 所示。其中，河段表中的汇水面积由使用地形网格的个数取代，因此全是整数，个数也不会太大，Horton 编码由于还没有编码，因此全置 0。

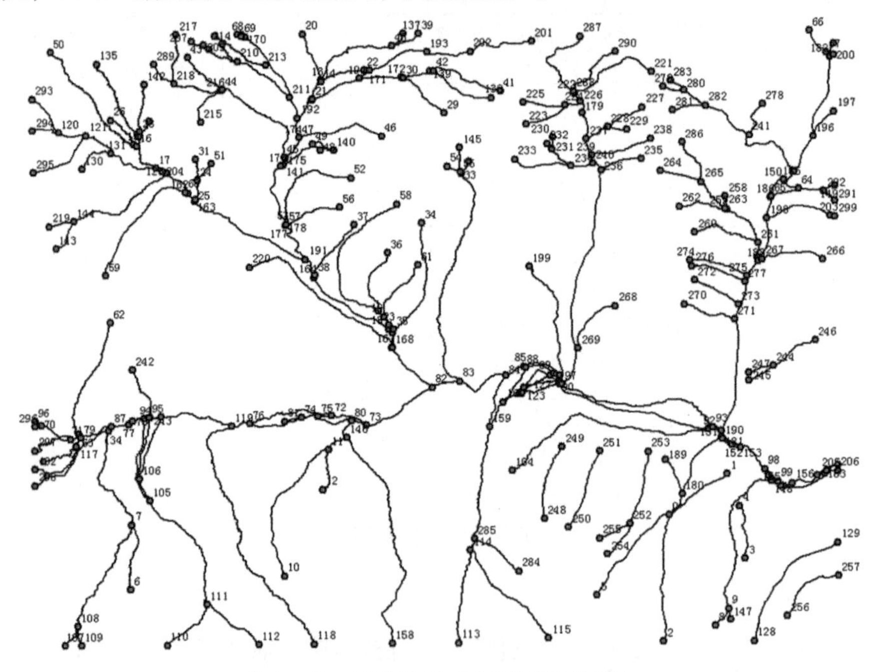

图 2－19　原始数据（标明了节点 ID）

表 2-5　节点数据

ID	坐标值		高程	入度	出度
	X	Y			
0	562 991.5	3971 112	4276	0	1
1	564 616.2	3972 356	4151	1	1
10	552 256.0	3969 273	4600	2	1
100	567 143.9	3972 300	4096	4	2
101	567 440.3	3972 467	4098	1	1
102	566 204.6	3971 986	4099	2	1
103	567 358.2	3972 362	4097	0	1
104	558 631.9	3972 468	4303	3	1
105	548 412.6	3971 570	4332	2	1
106	548 120.0	3972 228	4304	0	1

表 2-6　河段数据

ID	起始节点	终止节点	长度	节点数	汇水面积	Horton 编码
0	0	1	2092.70	6	34	0
1	2	0	3964.89	33	45	0
10	16	17	1077.78	22	25	0
100	49	141	1077.89	9	23	0
101	28	136	175.35	12	9	0
102	142	28	1520.77	9	14	0
103	143	144	1026.86	6	5	0
104	145	55	754.45	4	5	0
105	55	33	52.36	3	5	0
106	33	83	7084.74	10	18	0

在对数据进行录入和基本属性计算之后，使用相关属性和矢量数据本身的拓扑关系进行主流的确认，结果如图 2-20 所示。

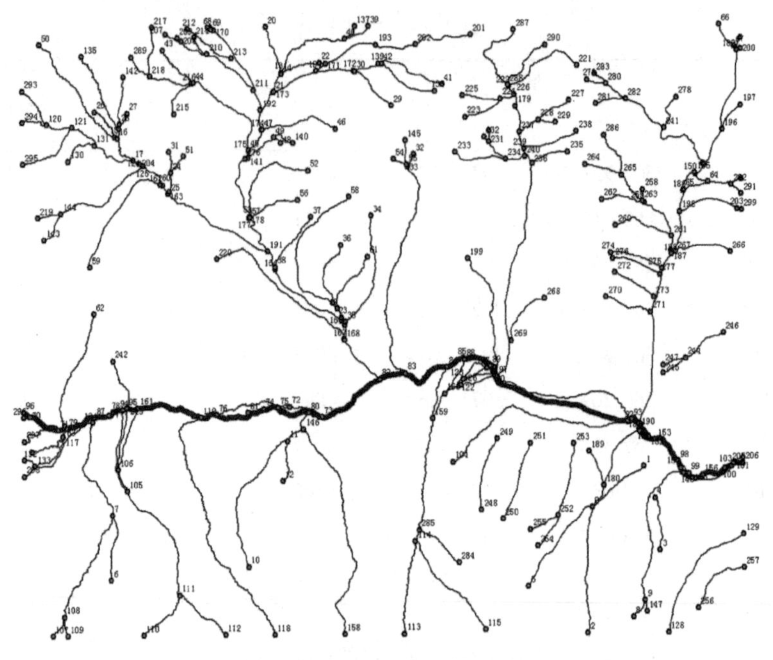

图 2-20　显示主流（粗线条）

在确认主流之后，综合各类数据和主流本身，对整个图幅进行了 Horton 编码，编码结果如图 2-21 所示。

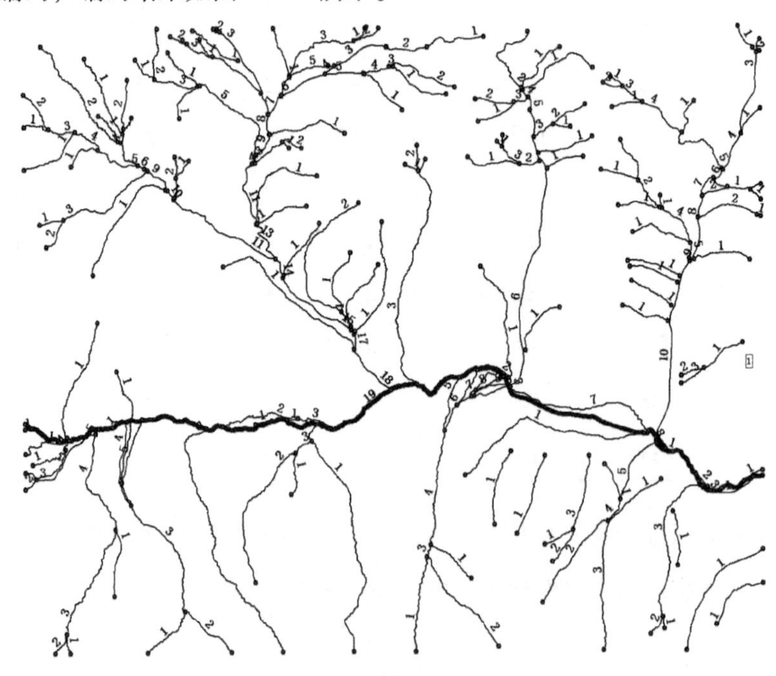

图 2-21　Horton 编码

之后，结合 Horton 编码和其他属性，对地图进行了 1：100 000、1：250 000、1：500 000、1：1000 000 和 1：2000 000 的综合。主要的综合标准经过公式计算后如表 2－7 所示。

表 2－7　各比例尺的主要综合指标

	Horton 编码	长度	节点数	汇水面积
1：100 000	2	1500	4	3
1：250 000	3	2000	7	6
1：500 000	4	2500	10	10
1：1000 000	5	3500	12	15
1：2000 000	6	4500	14	30

综合时的选取方法说明如下：以 1：100 000 为例，去除那些 Horton 编码小于 2、长度小于 1500、节点数小于 4、汇水面积的地形网格小于 3 的河段，剩下的河段即是 1：100 000 的保留河段。其他比例尺的综合以此类推。

各比例尺的综合效果如图 2－22 所示。

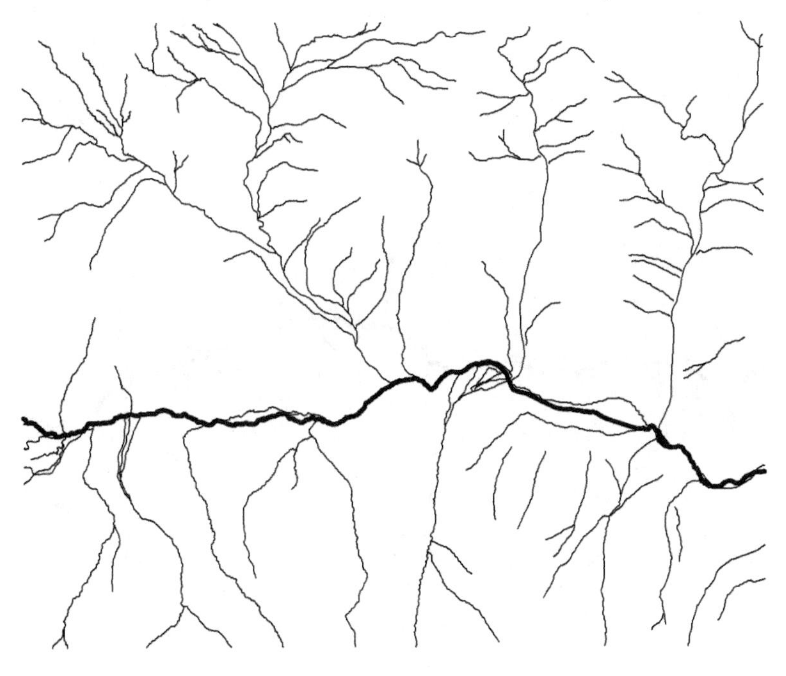

（a）原始数据　1：50 000

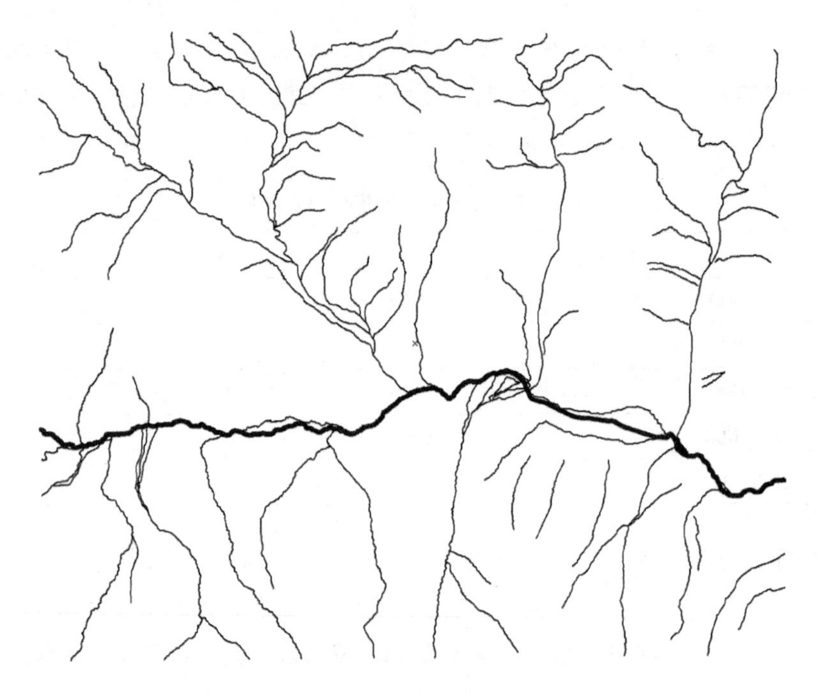

（b）综合数据 1：100 000

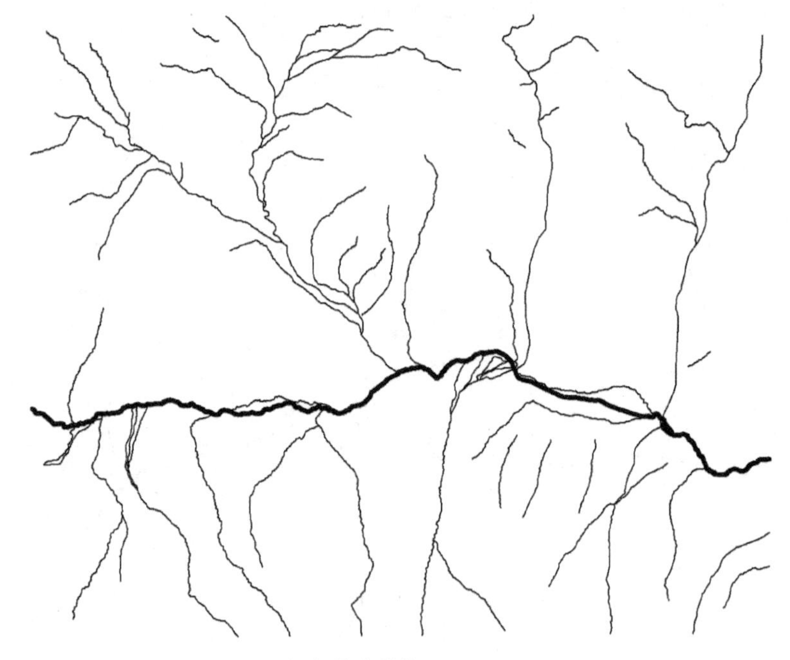

（c）综合数据 1：250 000

（d）综合数据 1：500 000

（e）综合数据 1：1000 000

（f）综合数据 1：2000 000

图 2－22　各比例尺的综合效果

（一）结果分析

将计算的主流和实际的 DOM 和 DEM 数据进行对比发现，对主流的选取基本正确。DOM 数据与计算选取主流数据图的匹配状况如图 2－23 所示。

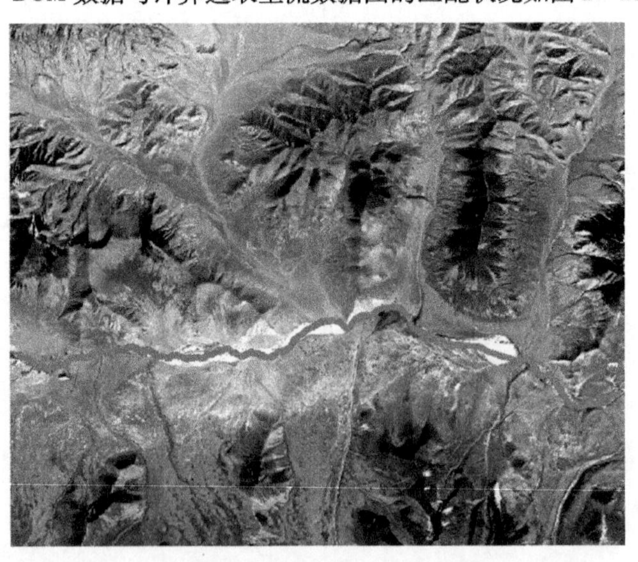

图 2－23　DOM 数据与计算选取主流数据图的匹配状况

在对数据进行综合时，针对不同的比例尺对所有的相关属性进行了限定，之所以采用限定的方式而没有采用整体的最优解是为了加快分级的速度，并且将相关要素计算完毕之后，使用三维虚拟地球系统可以实现实时综合。主要参数和优化效果如表 2 -8 所示。

表 2 -8　主要参数和优化效果

	Horton 编码	长度	河段数量	河段数量精简率
1 : 100 000	2	1500	244	17.8%
1 : 250 000	3	2000	187	37.0%
1 : 500 000	4	2500	151	49.2%
1 : 1000 000	5	3500	116	60.9%
1 : 2000 000	6	4500	90	69.0%

同时，本书使用了另一个图幅的数据作为参照，得到相似的结果，具体结果如图 2 -24、图 2 -25 和表 2 -9 所示。

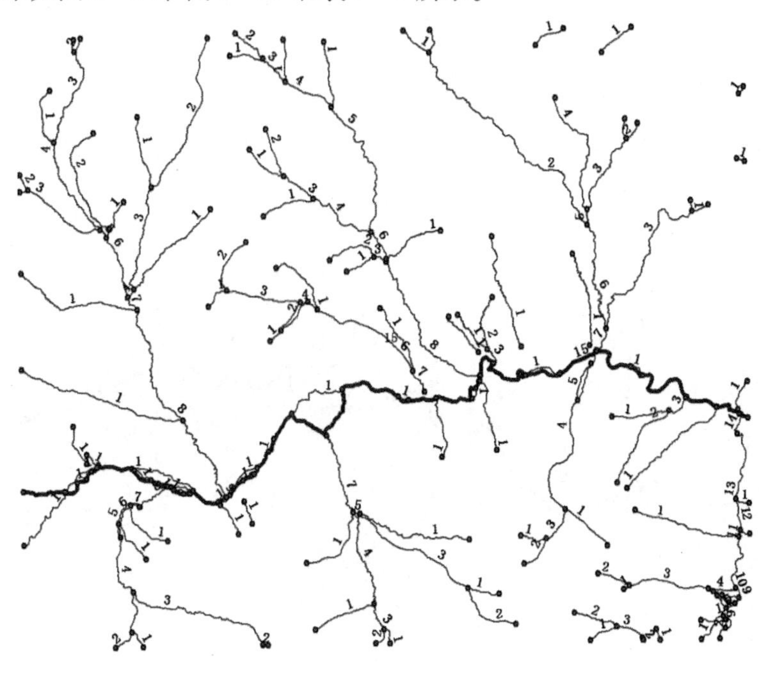

（a）原始数据 1 : 50 000

（b）综合数据 1：100 000

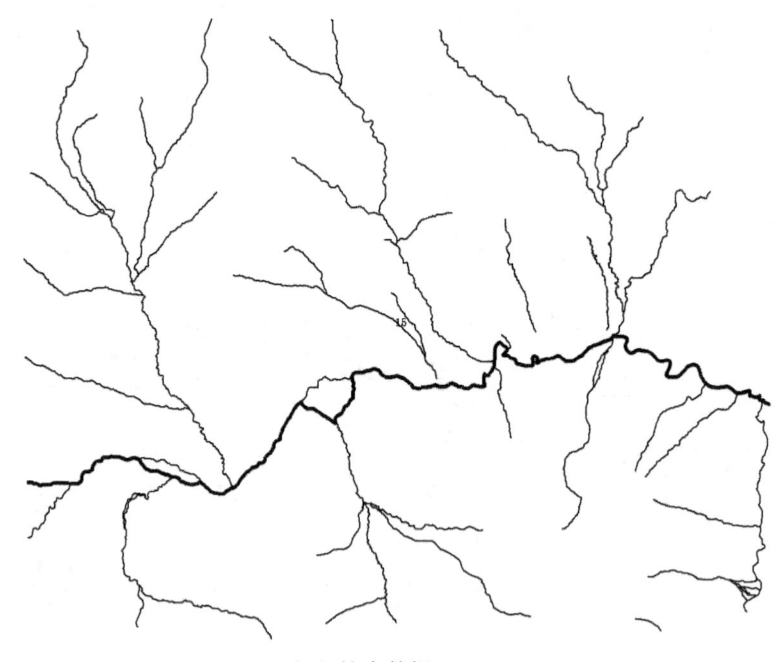

（c）综合数据 1：250 000

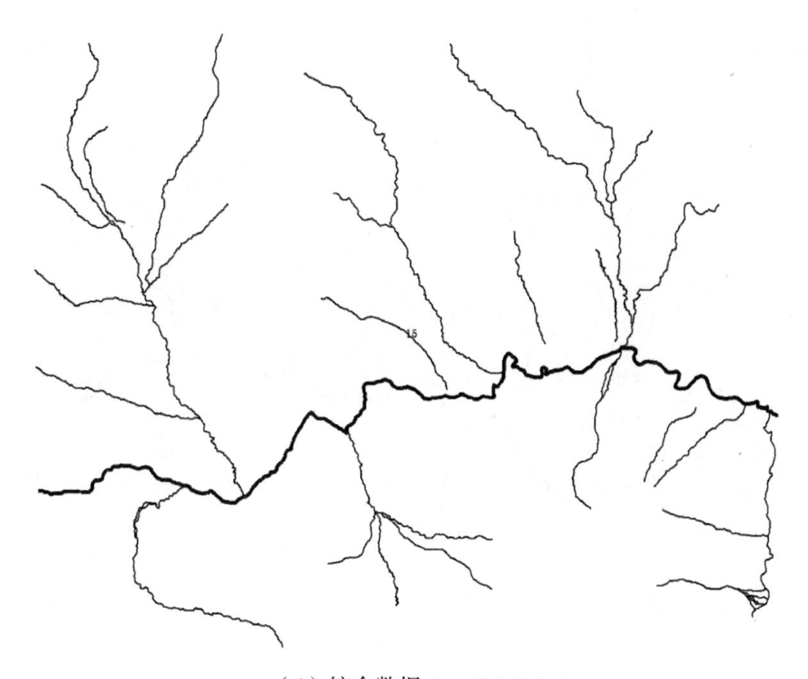

（d）综合数据 1：500 000

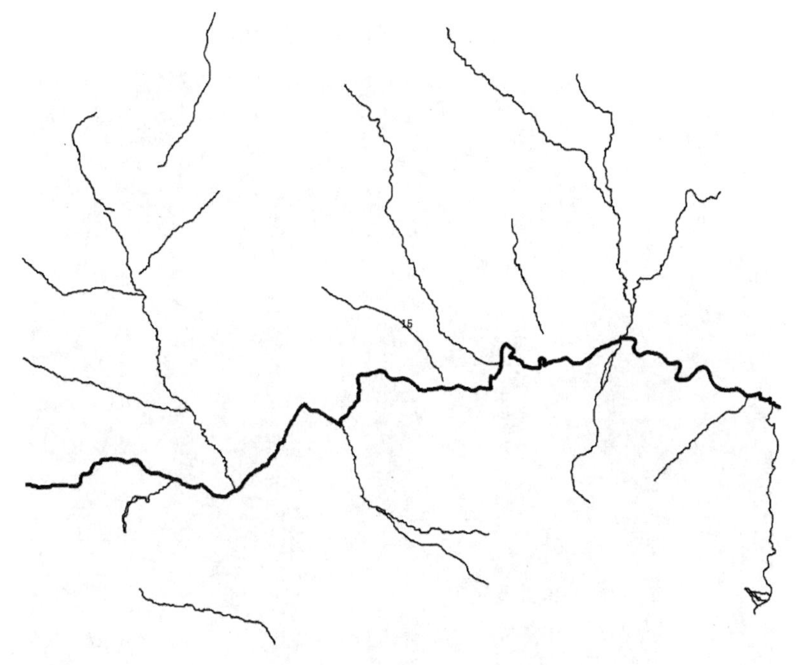

（e）综合数据 1：1000 000

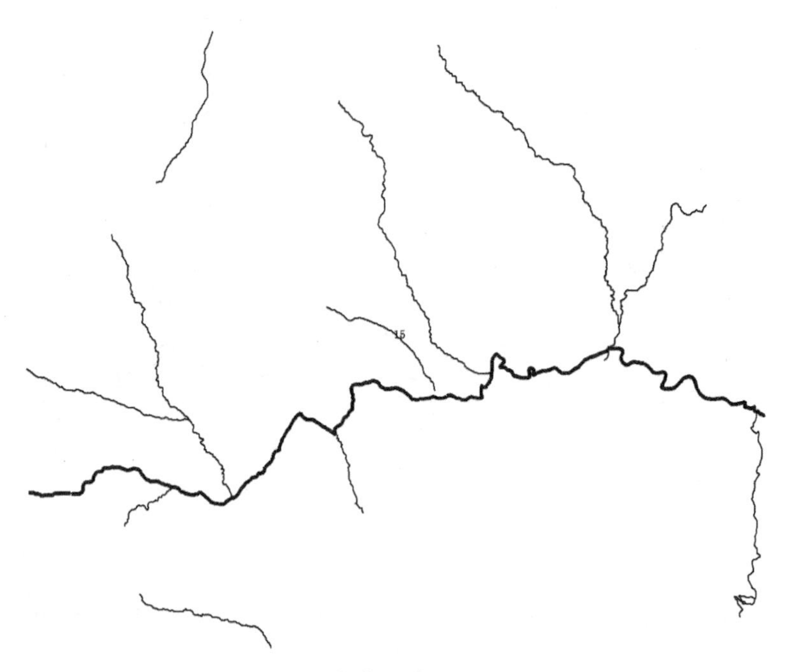

（f）综合数据 1：2000 000

图 2－24　另一个图幅的综合效果

（a）匹配情况

（b）三维绘制效果

图 2－25　计算的主流与 DOM 数据的匹配及三维绘制效果

表 2－9　另一个图幅的主要参数和优化效果

	Horton 编码	长度	河段数量	河段数量精简率
1：100 000	2	1500	189	22.5%
1：250 000	3	2000	160	34.4%
1：500 000	4	2500	137	43.9%
1：1000 000	5	3500	115	52.9%
1：2000 000	6	4500	95	61.1%

（二）结论

上述试验可以得到如下的结论：

① 由于使用了遗传算法进行全局最优求解，同时综合考虑了拓扑信息和语义信息，本方法对主流的选取比较准确；

② 由于对河段长度、节点数（一般是弯曲）、汇水面积等水文语义因素的考虑，在确定支流的主次上也能够有很好的参考；

③ 在进行实际制图综合时，采用了多指标的综合比对，提高了综合的速度，成功地完成了制图综合。

第8节　本章小结

本章主要介绍了屏幕可视化条件下矢量数据快速无级综合的研究成果。本章选取树状河网的简化和综合作为主要研究内容，将河网结构的问题看作优先选取主流的问题，将选取主流的问题看作一个全局最优的问题。在全局优化的问题中综合考虑了拓扑信息和语义信息，提出了使用遗传算法的优化组合求解策略。在此基础上，构建结构化河网的模型，进行河网数据的化简。本章提出了三维环境下无级综合的动态分界尺度，提出了选取和概括的策略，同时，进行了遗传算法求取主流的试验和河流快速无级综合试验，取得了较好的综合结果。

第3章　顾及屏幕绘制优化、插值优化和综合化简优化的统一金字塔数据组织

第1节　问题的提出

栅格数据金字塔数据组织的研究已经相对完善，但是栅格数据的金字塔数据组织方式不能直接套用在矢量数据上，传统的矢量数据组织通常有两种方式：构建矢量金字塔和不构建矢量金字塔。它们通常只是对矢量数据本身进行处理，较少综合考虑屏幕绘制优化、插值优化和综合化简优化。迫切需要一种综合、统一考虑了原始数据、地形数据、插值数据、简化数据和元数据的一体化存储数据组织方案，便于在屏幕矢量绘制时综合实现多种优化，达到多种优化的最佳平衡。

第2节　文献的分析和不足

国内外众多文献开展了对矢量数据组织方案的研究。有代表性的研究如下。

周强（2011）研究了异构虚拟地球中影像数据集成方法，对主流的虚拟地球的数据组织方式进行了分类和比较，并统一选择了规则网格的方式对异构的数据集进行集成。但是只研究了影像数据，对矢量数据的研究较少。

肖锋（2008）使用多分辨率金字塔、基于四叉树的动态 LOD 算法、异步数据动态调度机制、内存缓存和本地缓存技术实现了基于 Globe 模型

的空间信息三维可视化理论和研究方法，完成了全球多分辨率地形可视化策略和方案。但缺乏对海量矢量数据的支持能力。

李占（2008）使用了基于线性四叉树瓦片金字塔模型，实现了一种基于瓦片状态标号序列的多线程调度和预测策略、数据的请求和处理显示策略，完成了三维城市中空间数据组织调度方法研究。主要针对影像数据、地形数据和模型数据，没有提及矢量数据的策略。

吴晨琛（2008）使用了 GeoGlobe 中等经纬度格网的四叉树索引作为数据集的组织与管理方式，实现了 GeoGlobe 中多尺度空间数据集的管理机制。但没有对各个网络节点上的多尺度的数据集建立统一的空间索引。在矢量数据的绘制上也使用了栅格化的方式。

以上文献通常都是对矢量数据进行单独存储和处理，使得矢量绘制时综合考虑屏幕绘制优化、插值优化和综合化简优化变得比较困难。

第 3 节　解决方案

本书研究并提出一种综合考虑了屏幕绘制优化、插值优化和综合化简优化的统一的矢量数据集金字塔存储和组织方案。基本思想如图 3 - 1 所示。该方案使用等间隔经纬度网格的方式对球面进行剖分，建立一种不完全的区域四叉树，将原始的矢量数据与地形数据、优化后的矢量数据与地形数据、化简后的矢量数据和数据块的元数据这几个部分进行综合考虑和一体化存储，最终构建统一金字塔。参与统一构建金字塔的几类数据如图 3 - 1所示，简单介绍如下。

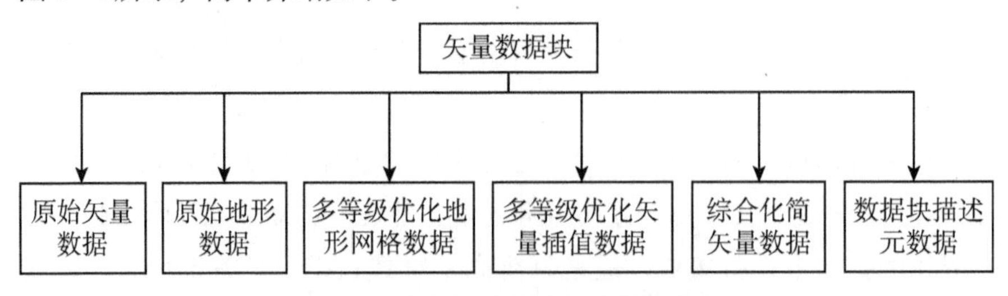

图 3 - 1　矢量金字塔考虑的数据类型

① 原始矢量数据：此部分数据是原始的矢量数据，没有为了贴合地形做任何的插值处理，存储这部分数据的目的在于，原始数据由于未经修

改可以直接用于查询和分析操作。

② 原始地形数据：此部分数据是原始的规则地形三角网格，由于是未经优化的原始数据，可以方便地取出高程值，也可以进行地形分析。

③ 多等级优化地形网格数据：用于相对平坦区域的贴合地形的矢量优化插值计算。

④ 多等级优化矢量插值数据：此部分是根据优化后的多级地形网格数据进行插值的多级插值后的矢量数据，可用于顾及屏幕绘制精度的矢量数据的三维显示。

⑤ 综合化简矢量数据：此部分是可选的，即不一定所有矢量数据均存在此类数据，此部分数据是结构化后可直接用于无级综合的矢量数据。

⑥ 数据块描述元数据：此部分数据是描述数据块的元数据信息及上述各类数据的描述信息。

以上述6类数据统一作为矢量金字塔的基本单元——数据块来创建金字塔，即可形成一个能顾及屏幕绘制优化、插值优化和综合化简优化三维矢量金字塔。

对创建金字塔的输出文件，本书建立了一种基于该金字塔的大文件物理存储模式，同时支持矢量数据的快速发布、检索和更新。

（一）金字塔处理方式的确定

本书选择一种特别针对三维矢量数据绘制需求的不完全的区域四叉树剖分作为矢量数据创建金字塔的方式。选择这种创建金字塔方式的原因主要有以下几点。

1. 能够和地形的创建金字塔的方式相同，便于矢量数据的插值操作

由于本书重点研究的是矢量数据的绘制（采用几何叠加法），而矢量数据使用几何叠加法进行绘制时为了贴合地形，必须在绘制之前和与之对应的地形数据进行贴合。因此为了提高地形数据的使用效率，能够将矢量数据与地形数据做相同的划分是最理想的情况。

由于对矢量数据进行贴合地形的处理是一个比较复杂的过程，尤其是对于使用几何叠加法作为矢量数据的绘制方式时。因此，本书希望能采用数据预处理的方式，在矢量数据进行发布之前就完成矢量数据与地形数据的贴合工作。因此能够将矢量数据与地形数据做相同的划分也是最理想的情况。

本书采用层次化细节（LOD）处理后的DEM数据作为高程数据的数据存储方式。采用区域四叉树的方式对高程数据创建金字塔。每个类型的地形数据在导入系统之前，需要按照这种方式进行数据预处理，制作高程数据金字塔。预处理完成的数据金字塔作为一个数据集导入系统。

在此处理方式下，总结目前矢量数据创建金字塔的方式和优缺点，我们更倾向于选择网格编码简单、易于实现且不需要复杂的地理坐标转换的，基于等经纬度网格的区域四叉树的矢量数据剖分方式。

2. 剖分方式本身编码简单、易于实现且适合矢量数据使用

矢量数据的基本单位为一个矢量数据块，每个数据集都会有一个顶层的数据块分辨率（即该数据集的顶层，一般是第0层的一个数据块在X、Y方向的跨度）。对于一个数据集中的任意一个数据块，为了能在四叉树结构中将其定位，都存在一个层、行、列的数字编码。通过一个数据块的层、行、列号及该数据块所属数据集的顶层分辨率即可计算出该数据块的包围盒（BBOX）。反之，在一个可视范围内，通过数据块所在的数据集名称、顶层分辨率和需要显示的数据块层数即可计算出该层与该区域相交的所有数据块。

由于矢量数据与栅格数据的不同，矢量数据的数据量是由矢量数据中矢量要素的多少决定的，而不是由面积决定的，因此选择基于等经纬度网格的区域四叉树来处理矢量数据，也避免了其单位面积变化较大的缺点。

3. 数据块的基本结构针对矢量数据需要进行特别优化

以特别针对三维绘制设计的顾及屏幕绘制需求、地形优化及顶点优化的矢量数据块结构作为本矢量金字塔的基本单元，能够在系统请求数据后，根据系统的需求，动态地变更矢量数据的复杂程度，最大限度地保证三维绘制。通过根据此数据结构设计的综合调度策略，能够实现矢量数据的快速绘制。

（二）基于不完全的四叉树的三维矢量金字塔数据组织

为了实现矢量数据和地形数据的有机整合，提高读取数据、绘制数据的效率，本书设计了一种不完全的四叉树结构来存储数据。与栅格数据或者地形数据不同的是，栅格数据或者地形数据一般为完全四叉树，而由于矢量数据的特点，在矢量数据进行分块之后，一个矢量数据块中可能不再

含有矢量数据，因此矢量数据的四叉树一般为不完全四叉树，不包含数据的数据块将不再分裂。

为了有效地利用已经有效层块化且初始化完成的地形数据，本书使用的矢量数据也采用与地形数据相类似的层块化策略。具体的层块化策略如下。

首先，我们按照如下方式确定覆盖全球范围任意区域数据集的数据块编码方式。

全球的经度、纬度范围分别为［$-180°$，$180°$］、［$-90°$，$90°$］，将第0层划分为5行10列共50个大小为$36° \times 36°$的矢量分块，称为矢量数据块，以下简称为数据块；在第1层中，将第0层中的$36° \times 36°$数据块剖分为4个$18° \times 18°$的数据块，形成10行20列共200个数据块；以此方法类推，金字塔的第n层（$n \geqslant 0$）形成$5 \times 2n$行$10 \times 2n$列共$50 \times 22n$个大小为$(36/2n)° \times (36/2n)°$的数据块片，如图3－2所示。

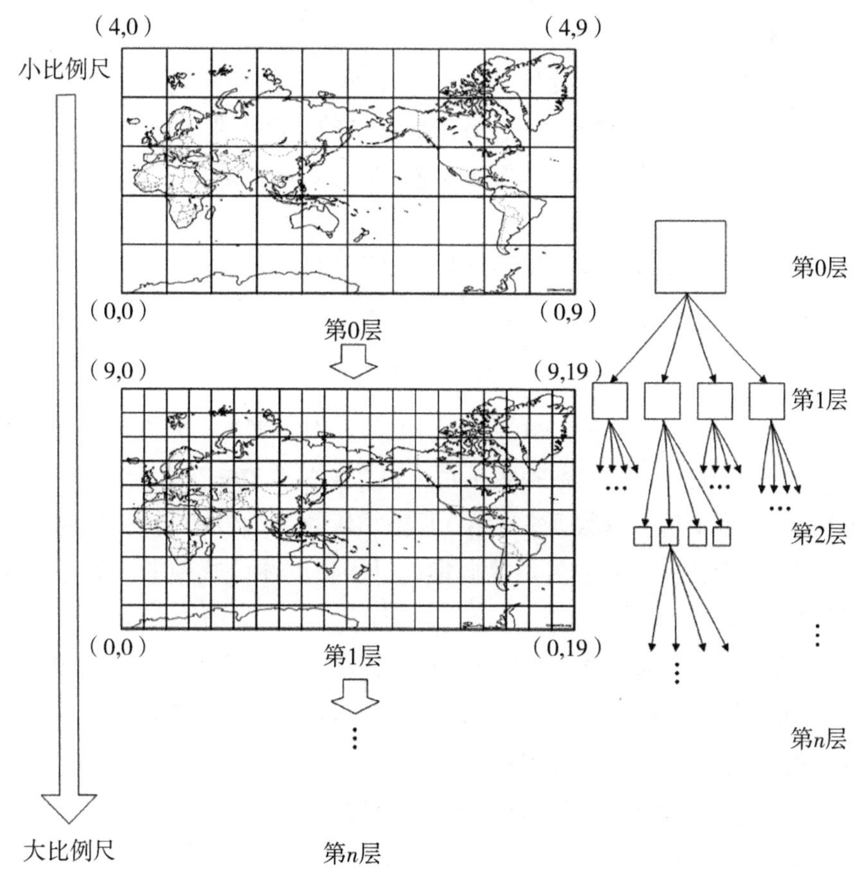

图3－2　矢量数据集的数据块编码方式

全球矢量数据块金字塔中数据块行号、列号的编码方法为：从左到右，从下至上，即左下角的数据块编号为（0，0），右上角的数据块编号为（$5\times 2n-1$，$10\times 2n-1$），其中，n 为数据块所处层号。

设 P（lat，lon）为全球范围内任意一点，lat 为该点的纬度，lon 为该点的经度，且满足 $lat\in[-90, 90]$，$lon\in[-180, 180]$，单位为度。可以计算出该点在全球金字塔第 n 层（$n\geqslant 0$）中所属数据块的行号、列号（row，col），计算方法如下：

$$row=\begin{cases}\lfloor (lat+90)/(36/2^n)\rfloor, & lat\in[-90, 90)\\ \lfloor (lat+90)/(36/2^n)\rfloor-1, & lat=90\end{cases}$$
$$col=\begin{cases}\lfloor (lon+180)/(36/2^n)\rfloor, & lon\in[-180, 180)\\ \lfloor (lon+180)/(36/2^n)\rfloor-1, & lon=180\end{cases} \tag{3-1}$$

求出 P 点在第 n 层中所属数据块的行号、列号（row，col）之后，便可求出该数据块的经度、纬度范围。

设该数据块的经度范围为 $[lon_{min}, lon_{max}]$，纬度范围为 $[lat_{min}, lat_{max}]$，单位为度。其中，lon_{min} 为该数据块的经度下限，lon_{max} 为经度上限，lat_{min} 为纬度下限，lat_{max} 为纬度上限，n（$n\geqslant 0$）为数据块所属层号，计算方法如下：

$$\begin{aligned}lon_{min}&=-180+col\times(36/2^n)\\ lon_{max}&=-180+(col+1)\times(36/2^n)\\ lat_{min}&=-90+row\times(36/2^n)\\ lat_{max}&=-90+(col+1)\times(36/2^n)\end{aligned} \tag{3-2}$$

对于一个局部范围的数据集来说，该数据集会有一个0层的分辨率，这个分辨率就对应全球数据集中第0层数据块的36°×36°的数据跨度。因此，对于一个任意区域的矢量数据集，只需将上述公式中的36°替换成0层的分辨率即可。

对于一个矢量数据集，在进行预处理的时候，需要明确几个参数：0层的分辨率、该数据集需要划分的层数及该数据集的包围盒。之后，使用矢量数据预处理工具进行预处理。

由于矢量数据和地形数据在层块化时能够尽量地保持一致性，在读取数据时能够有效地减少IO和网络压力，在矢量数据进行绘制的时候，能够方便地进行插值操作，在本书使用的基于地形分析的交点插值优化算法中也能充分利用地形的LOD网格进行一一对应的插值计算、综合处理和相应的预处理。矢量数据的具体层块化流程如图3－3所示。

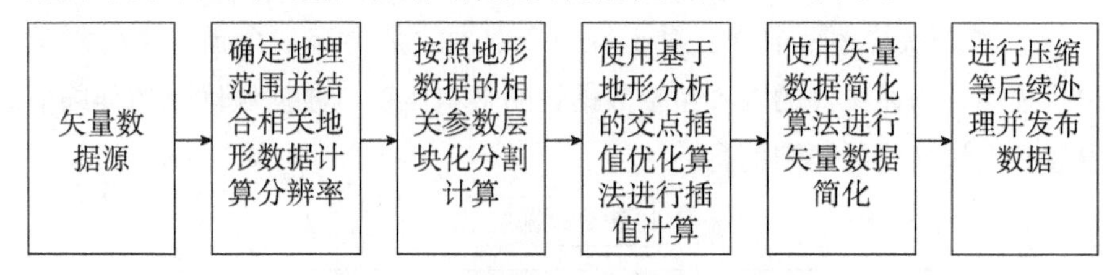

图3－3　矢量数据集的具体层块化流程

矢量数据集的统一金字塔总体结构如图3－4所示。

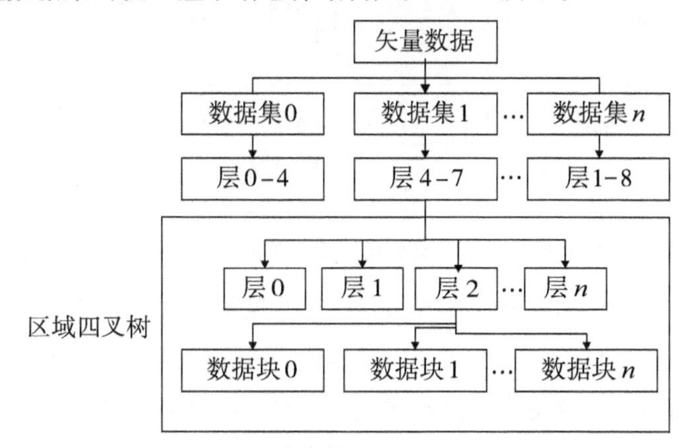

图3－4　矢量数据集的一体化金字塔结构

（三）特别针对三维矢量数据绘制需求的矢量数据综合数据结构

在对地形数据进行顾及屏幕绘制要求的多等级地形网格划分及对矢量数据使用多等级的插值算法进行插值计算之后，图3－5给出了矢量数据集数据块的数据结构，该新数据结构的数据块包含如下几种。

① 原始矢量数据和地形数据：由于原始的矢量数据不包含任何的插值顶点，可以将其用于查询和分析。由于原始的地形数据没有对其进行任何修改，可以利用其规则三角网的特性进行地形分析的相关操作。

② 多等级优化地形网格：优化后的多等级优化地形网格，已经改造成多级的不规则多边形网格，这类数据是用来对矢量数据进行插值计算的，对于后文的矢量数据简化算法也有一定的帮助。

③ 多等级优化插值顶点数据：多级优化插值顶点数据用于系统根据不同的屏幕绘制需求进行动态调度绘制。

④ 矢量屏幕无级化简成果：矢量屏幕无级化简成果用于系统根据不同的屏幕绘制需求进行动态综合绘制。

⑤ 数据块描述元数据：对于每一个数据块都会有一个描述文件对其进行描述，描述文件的内容包括数据块的基本信息、数据块优化的详细信息和数据块简化的详细信息。

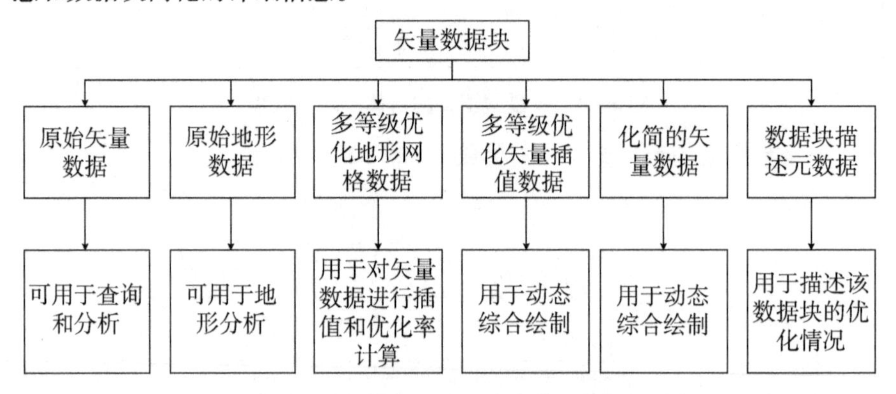

图 3－5　特别针对三维矢量数据绘制需求的矢量数据综合数据结构

由于将原始矢量数据、多等级优化地形网格数据、多等级优化插值顶点数据、矢量屏幕无级化简成果、数据块描述元数据集中一体化存储和组织在一个统一的金字塔中，能够在三维矢量绘制时克服传统数据结构的缺点，同时顾及屏幕的绘制精度要求、要素的密度要求和用户的使用要求。

第 4 节　结合失真模型的数据集存储方案

（一）数据集的物理结构

从区域四叉树的层块化原理可以看出，层块化后的矢量数据块的数据量是成指数级方式增长的。因此，如果一个数据块就采用一个文件单独存储的话，文件的数目也是海量的，这样不利于文件的管理。如果能采用一定的文件索引机制，将海量的数据块文件拼接成一个大文件存储，就能够有效地提高文件的访问效率。我们参考了 Shape File 的文件组成方式，采用一个大文件存储所有的矢量数据块文件内容，将此文件称为“数据文件”；并采用另一个文件存储每一个数据块的编码和在数据文件中的索引位置，将此文件称为“索引文件”。通过这样的方式对一个矢量数据集进行存储和管理。

完成大文件的生成后，需要有一个文件来描述整个数据集的属性信息、元数据信息、相关描述信息等。此文件也存储第一步提到的用户设定的相关信息。将此文件称为“描述文件”。

经过上述步骤，即完成了对矢量数据的预处理工作，得到了矢量绘制数据集数据文件、数据集索引文件、数据集描述文件。通过这3类文件，即可在矢量数据服务器上对该数据集进行发布，客户端即可通过“层号_行号_列号”这种编码方式对矢量数据块进行请求。整个矢量数据集的结构如图3-6所示。对该结构简单说明如下。

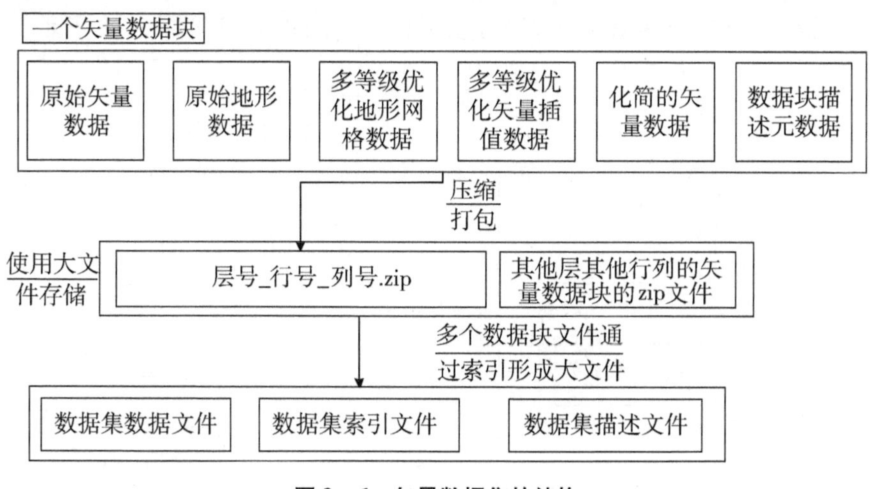

图3-6 矢量数据集的结构

① 一个矢量数据块的文件索引包含3个部分：矢量数据块的层、行、列的编码，矢量数据块文件在主数据文件中的偏移值和矢量数据块文件的长度。

② 矢量数据块的层、行、列的编码通过一个int64类型的数据来存储，一个int64的数据对象占据64位的空间。我们使用这64位数据的前16位来存储矢量数据块的层号，这16位的空间能够存储0~65 535的正整数，因此层号的取值范围可以是0~65 535；使用中间24位来存储矢量数据块的行号，这24位的空间能够存储0~16 777 216的正整数，因此行号的取值范围可以是0~16 777 216；使用最后24位来存储矢量数据块的列号，这24位的空间能够存储0~16 777 216的正整数，因此列号的取值范围可以是0~16 777 216。由此可以看出，一个int64的空间完全能够存

储一个矢量数据集的层号、行号和列号，不会出现数据溢出。

③ 矢量数据块文件在主数据文件中的偏移值是以字节为单位存储在一个 int64 数据类型上。一个 int64 数据类型占据 64 位的空间，取值范围是 1 ~ 18 446 744 073 709 551 616，可以描述数万 PB 级的数据文件，对于一个矢量数据集来说，完全够用了。

④ 矢量数据块文件的长度值是以字节为单位存储在一个 long int 数据类型上的。一个 long int 数据类型占据 32 位的空间，取值范围是 1 ~ 4294 967 296，可以描述大约 4 GB 的数据文件，对于一个矢量数据块来说，完全够用了。

本书采用的一个矢量数据块的文件索引共占据 160 位 20 字节。

数据集数据文件和数据集索引文件的结构如图 3 – 7 和图 3 – 8 所示。

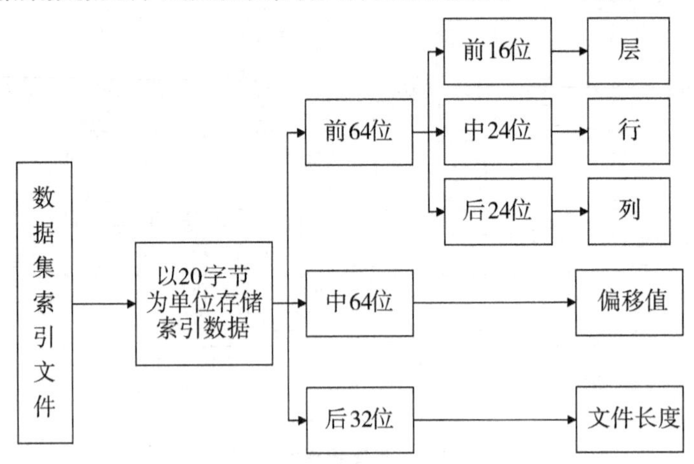

图 3 – 7　数据集索引文件结构

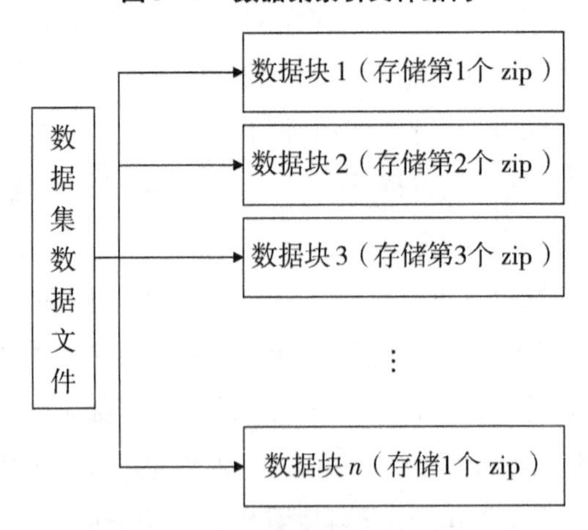

图 3 – 8　数据集数据文件结构

（二）三维矢量绘制数据集的维护更新

三维矢量绘制数据集生成以后，需要对数据进行维护、更新或者修改。

由于数据集数据文件和数据集索引文件相比，文件的体积要大得多，而且对于一个数据块来说，其在数据文件中写入文件的长度是不固定的，其于写入的数据量是相关的；而其在索引文件中写入的长度是一定的，就是20个字节。并且，所有的数据索引已经在数据服务启动时写入了内存，因此，做一个针对索引文件的搜索和修改是相对容易的。

根据前文对数据集索引文件的介绍可以看出，数据集索引文件记录的是数据块的实际内容在数据文件中的偏移值。因此，简单地采用在数据文件原始位置对数据块的数据内容进行修改和删除是不可行的，因为那样会改变其他后续所有文件的偏移值，使后续所有的数据块按照索引文件的偏移值取到的数据都是错误的。

具体策略说明如下。

1. 更新数据块较少的情况

对于更新数据块较少的情况，没有必要因为少数数据块的变更就对所有的数据索引进行修改，那是一个计算量比较大的工作。因此，本书采取的方法是将需要修改的数据块在数据集数据文件原始位置所有数据置0，即将数据文件的此段置空，不再使用；而在数据文件的最后写入需要更新的数据块数据，并将新数据的偏移值和数据长度更新到索引文件；最后将描述文件数据块的置空数量加1，用于统计数据块的更新率。

2. 更新数据块较多的情况

对于更新数据块较多的情况。例如，需要更新的数据块占实际数据块的1/3以上，如果还使用更新数据块较少情况的更新办法，会造成数据文件的冗余度较大，降低文件的读取速率。而且数据的请求往往是有规律的，在原始的矢量数据集没有经过置空后在文件尾部更新操作的话，数据的索引也是有规律的。这样有规律地排列数据块，能够在系统有规律地请求数据块数据的时候，提高文件的读取效率，尤其是在使用机械硬盘的计算机上，有序的文件排列能够有效地降低磁盘磁头的移动距离。

因此，对于更新数据块较多的情况，本书采用对整个数据索引重排的方式进行更新，即将数据集里的所有数据块，按照数据块的排列顺序，重新计算索引，生成新的数据集数据文件和索引文件，并将描述文件数据块的置空数量置0，用于重新统计数据块的更新率。

3. 多次的较少数据块更新的情况

由于大批量的数据块更新并不是经常发生的情况，随着系统的使用，多次的较少数据块更新也会造成数据文件的冗余度较大，降低文件的读取速率。这里描述文件的数据块置空数量就可以起作用了。使用数据块的置空数量可以计算数据块的利用率，当数据块的利用率小到一定程度时，如小于60%，服务端就应该启动数据块的索引更新机制。使用上文提到的方法，重新计算索引，生成新的数据集数据文件和索引文件，这样数据块的更新率就归0了。

由于操作需要消耗较多的系统资源，这项工作也不是立刻非做不可的，因此，此项工作通常是服务器在压力较小时自动完成的。

（三）应用实例

以一个全球矢量图为例，矢量数据如图3－9所示。使用不完全的区域四叉树对其建立索引，成功地将其分成了4层，第0层的跨度为36°。并成功地将所有的数据块（共4250个）生成了数据文件、索引文件和描述文件，能够成功的对数据进行发布服务的操作。在100台以内的计算机随机并发访问的情况下，成功提供服务。具体索引情况如图3－10所示。

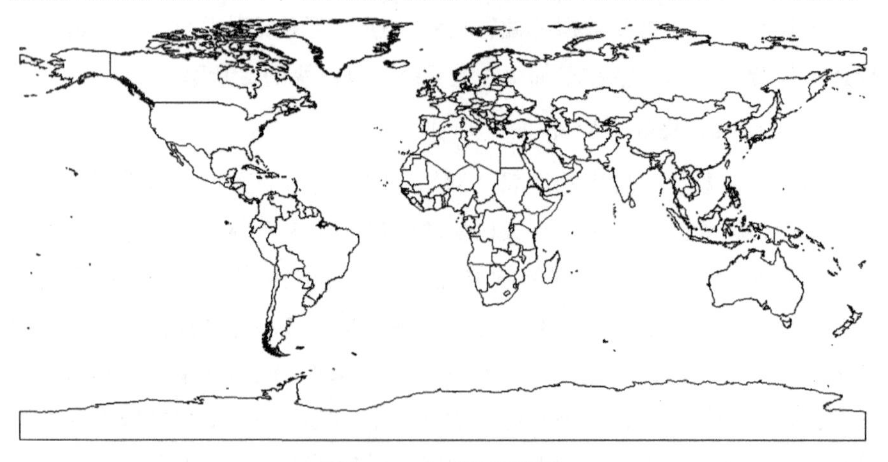

图3－9 全球矢量数据

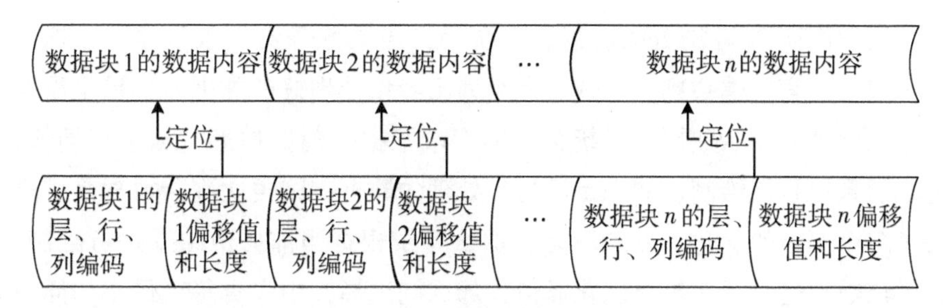

图 3－10　索引结构

第 4 节　基于一体化优化的金字塔组织三维矢量动态综合绘制方法

通过数据的预处理即可生成多等级的优化插值矢量数据，绘制不同等级矢量插值顶点会产生相应程度的失真。系统也可以根据绘制的需要按需进行矢量数据级别的选择，完成用户需求精度的绘制。如果矢量数据较为复杂，系统绘制帧数较低，可以增加失真等级，减少插值顶点的绘制来提高系统的流畅性。另外，如果在矢量数据上有其他数据进行遮挡，则只绘制矢量数据的原始顶点，不绘制插值顶点。

整体系统绘制流程如图 3－11 所示，简单说明如下。

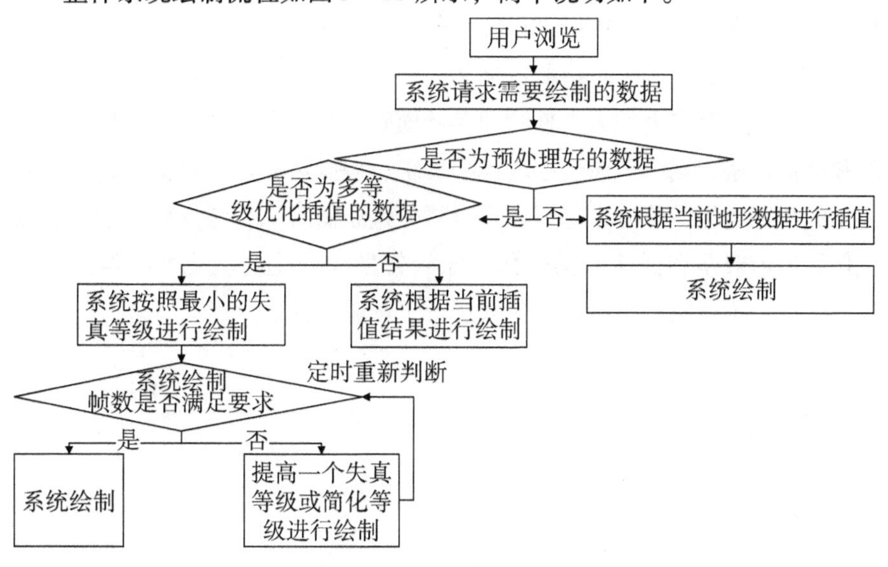

图 3－11　系统绘制流程

① 当用户实时浏览的时候，系统会按需向服务器请求数据。数据请求完成后，客户端会判断该数据是否为已经预处理好的数据。如果是没有经过预处理的原始数据，系统会在客户端根据当前的地形数据进行插值，完成后系统直接绘制；如果是经过预处理的数据，则再次判断数据是否进行了多个等级的优化，如果不是，那么系统根据当前插值结果进行绘制，如果该数据进行了多等级优化插值，那么则选择其中失真等级最小的插值结果进行绘制（一般是零失真）。

② 在绘制完成之后，系统会定时对整个三维系统的绘制效率进行评估。如果当前场景的绘制帧数没有达到系统预设的要求，系统能够自动地逐步降低多等级优化插值数据的优化等级，减少插值的顶点，从而降低系统的绘制压力。

第 5 节　本章小结

本章针对三维矢量绘制时综合考虑用户屏幕绘制精度需求、地形数据优化存储、插值数据优化存储、矢量数据简化等需求，提出了一种综合、统一考虑屏幕绘制精度、地形数据、插值数据、数据源简化数据的一体化存储的数据组织方案，采用区域四叉树存储栅格数据、不完全区域四叉树存储矢量数据，将 4 种数据进行统一分层、存储和组织，构建了一个一体化存储和组织的三维矢量绘制数据集的统一的金字塔结构。同时，本章还提出了该统一金字塔的大文件物理存储模式，给出了该金字塔的管理、更新和维护策略，提出了该金字塔模型的统一调度策略。本章提出的一体化优化的金字塔组织策略，可以使在屏幕矢量绘制时综合考虑屏幕绘制精度优化、地形数据和插值数据优化、原始矢量综合化简优化变得容易和有效。最后，本章给出了应用实例并进行了试验验证。

第4章　试验

针对本书的研究，作者开发完成了矢量数据三维绘制的原型系统，该系统进行了三维金字塔的构建和维护、多等级优化地形网格数据的生成和修正、多等级矢量数据顶点优化插值、基于遗传算法的河网主流计算、基于 Horton 编码河网结构化计算、河流的综合等试验，验证了本书提出理论和方法的合理性和可行性。

第1节　系统介绍

本原型系统的总体结构如图 4 –1 所示。

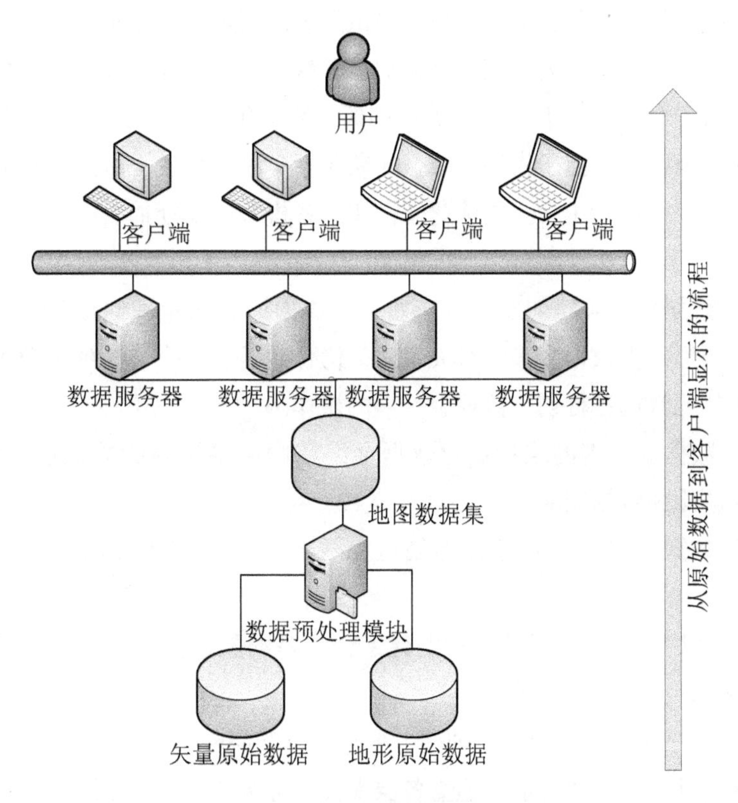

图 4 –1　系统结构

（一）系统总体结构

整个系统采用客户端、服务器模式的系统架构，主要分为数据预处理模块、数据服务器模块和三维客户端模块。其中，数据预处理使用了ArcGIS Engine技术开发，使用C#编程语言开发。数据服务器使用了Microsoft. net框架中的Web Service模块开发，使用C#语言。客户端使用了Microsoft的DirectX技术，使用C++开发。支持矢量数据从预处理到数据发布，再到客户端请求绘制的全部流程。支持线状要素的多等级插值、三维金字塔的构建、数据块快速查询定位和数据块更新的地图数据集存储机制。

（二）系统功能模块

整个系统的功能模块分为数据源管理、插值、综合化简、数据绘制、结果评价5个模块。数据源管理又分成数据金字塔的创建和维护子模块、数据金字塔的发布和服务子模块；插值又分成多等级优化地形网格创建和维护子模块、多等级矢量数据优化插值子模块；综合化简又分成遗传算法选取主流子模块、基于Horton编码的河网结构化计算子模块、河网的选取子模块、河网的概括子模块；数据绘制包括矢量数据的三维几何绘制子模块；结果评价包括用户体验优化子模块。各模块的功能简单介绍如下，如图4-2所示。

① 数据金字塔的创建：对初始化完成的原始矢量和地形数据、多等级优化地形网格数据、多等级矢量插值优化数据、综合化简的矢量数据及数据块的元数据进行创建数据金字塔的操作。

② 数据金字塔的维护：对数据金字塔中需要更新的数据进行更新，将需要删除的数据删除。

③ 数据金字塔的发布：将创建完成的数据金字塔在服务器端注册发布。

④ 数据金字塔的服务：对创建了金字塔的矢量数据进行数据发布和提供服务，供客户端请求。

⑤ 多等级优化地形网格创建：根据屏幕绘制精度与地形精度的关系，在矢量数据进行插值之前，建立各像素失真等级的优化地形网格。

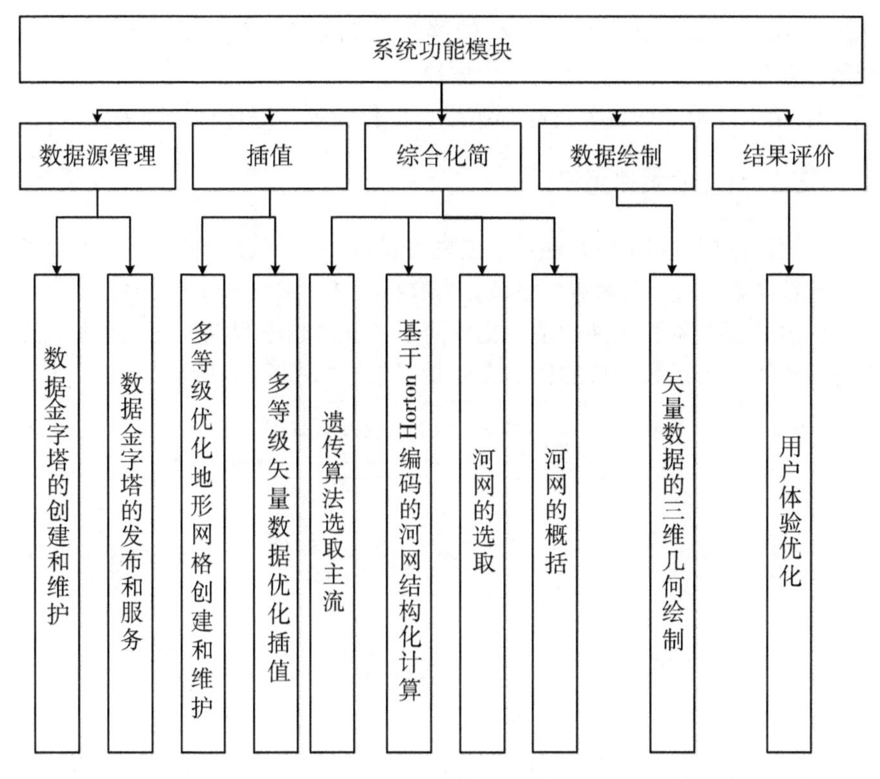

图 4－2　系统功能模块

⑥ 多等级优化地形网格维护：在系统实际运行时，建立预处理时的各像素失真等级的优化地形网格和实时的各像素失真等级的优化地形网格的映射关系，对各等级优化地形网格进行维护。

⑦ 多等级矢量数据优化插值：根据各等级的优化地形网格对矢量数据进行各等级的插值优化计算。

⑧ 遗传算法选取主流：使用遗传算法，综合考虑河网的拓扑信息、语义信息等，选取全局最优的主流河段。

⑨ 基于 Horton 编码的河网结构化计算：对河网中的每个河段进行 Horton 编码，使用 Horton 编码对河网进行结构化。

⑩ 河网的选取：依据比例尺确定的尺度，选取需要选取或概括的河段要素。

⑪ 河网的概括：依据比例尺确定的尺度，选取需要概括的河段要素，概括相应的河段。

⑫ 矢量数据的三维几何绘制：对处理好的矢量数据，结合地形使用几何叠加法进行三维绘制。

⑬ 用户体验优化：结合系统的屏幕绘制效果，实时改变绘制策略，调用优化数据进行绘制，提高用户体验。

⑭ 结果评价：综合评价绘制结果、优化结果、综合化简结果。

（三）系统的数据组织

系统的数据组织主要是通过数据集完成的。一个数据服务器上发布了多个矢量数据集，每个矢量数据集又分为数据文件、索引文件和描述文件。

矢量数据集索引文件的结构比较简单，就是顺序存储矢量数据块压缩文件的索引。矢量数据块的压缩文件索引结构如图 4－3 所示。

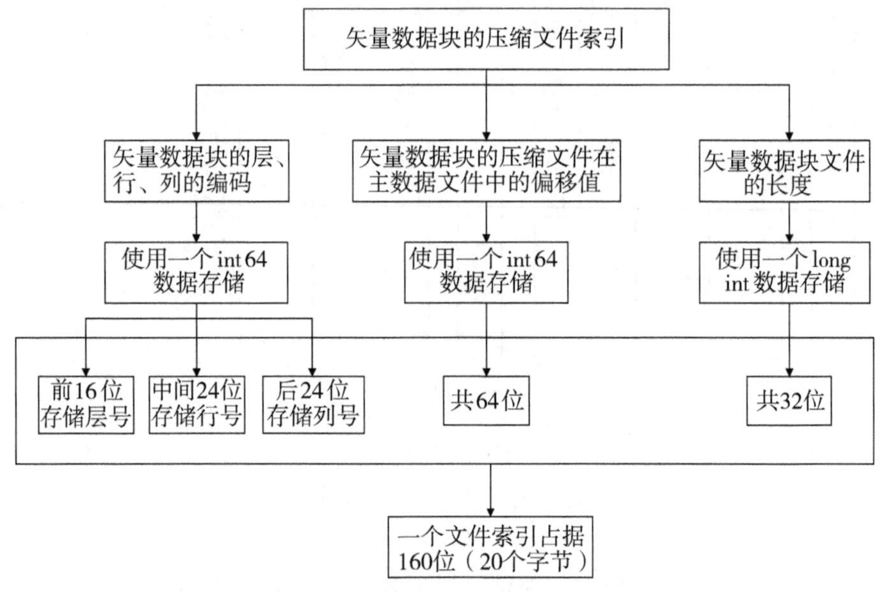

图 4－3　矢量数据块的压缩文件索引结构

如前所述，一个矢量数据块的压缩文件索引包含 3 个部分：矢量数据块的层、行、列的编码，矢量数据块的压缩文件在主数据文件中的偏移值和矢量数据块文件的长度。

矢量数据服务在对矢量数据集进行发布的时候，会预先读取矢量数据集的索引文件。读取时是以 20 字节为单位进行的，每读取 20 字节，会将读取的前 64 位取出，作为矢量数据块的层、行、列编码，中间 64 位作为矢量数据块的压缩文件在主数据文件的偏移值，最后 32 位作为矢量数据块文件的长度。之后将层、行、列的编码、文件的偏移值和文件的长度作为一个文件索引，推入服务器端的文件索引队列。不断循环这个过程，直到整个索引文件读取完毕。这样就将整个索引文件转化成了内存中的一个文件索引队列，矢量数据集结构如图 4－4 和图 4－5 所示。

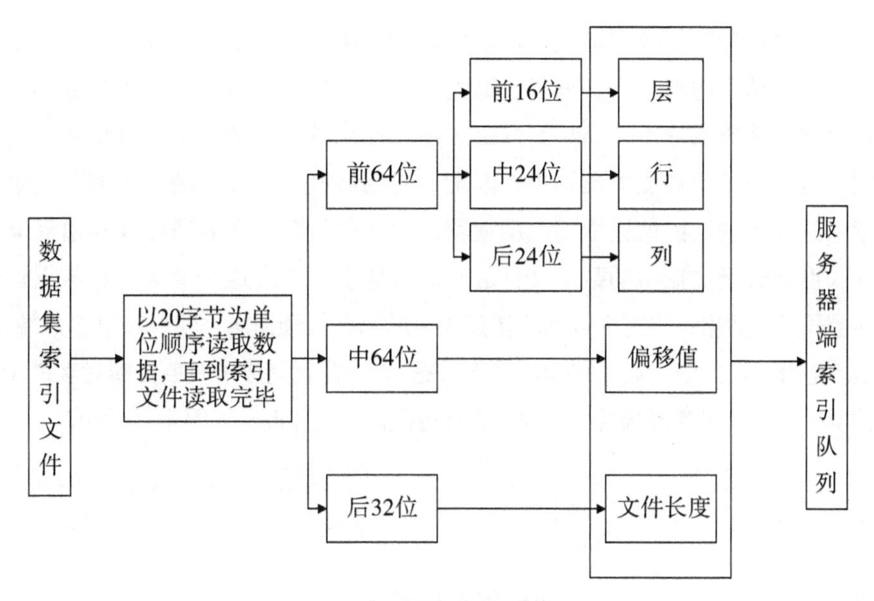

图 4 – 4　服务器端读取索引文件

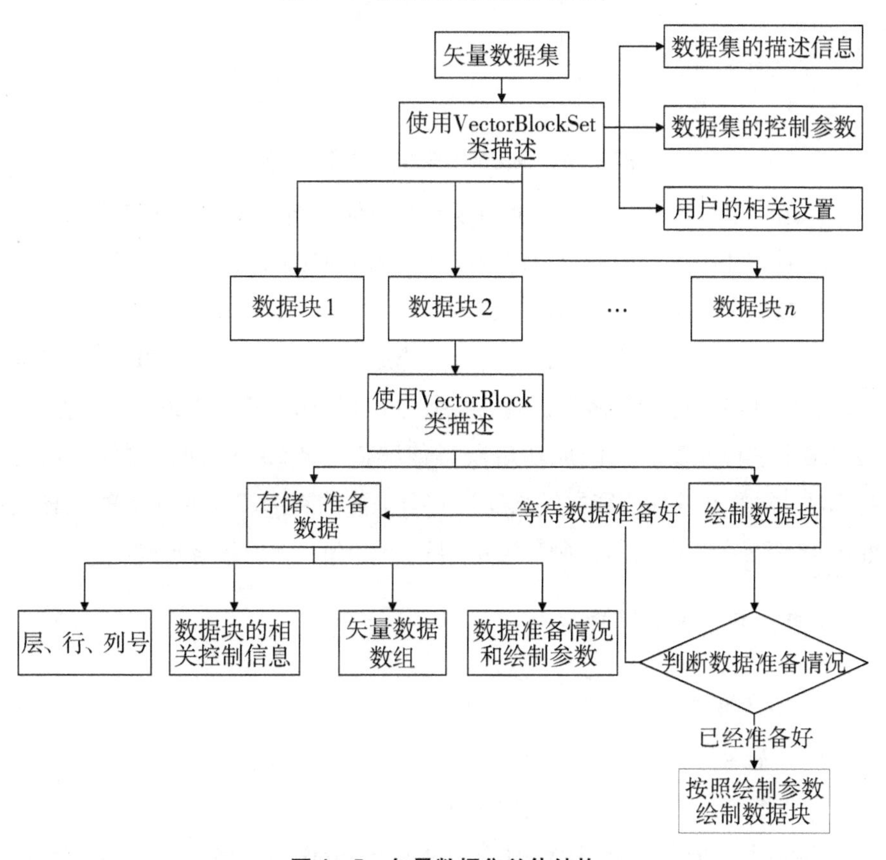

图 4 – 5　矢量数据集总体结构

在客户端向服务器端进行请求的时候，服务器端会先将 HTTP 请求翻译成用户请求的层、行、列号，通过层、行、列号使用上文提到的编码方式将请求编码成一个 int64 类型的数字，使用这个 int64 类型的数字作为层、行、列编码在服务器端进行匹配。若能够成功匹配，则通过服务器端索引队列中的匹配值读取相应的偏移值和文件长度，之后通过偏移值和文件长度在矢量数据集的数据文件的相应位置上，取出这个请求矢量数据块相应长度的数据，将这个数据块按照相应的命名规则命名，并返回给客户端；若不能够成功匹配，返回“404”（无数据）。如此就完成了服务器端对客户端请求的响应，服务器端通过这种方式进行数据块的查询，如图 4－6 所示。

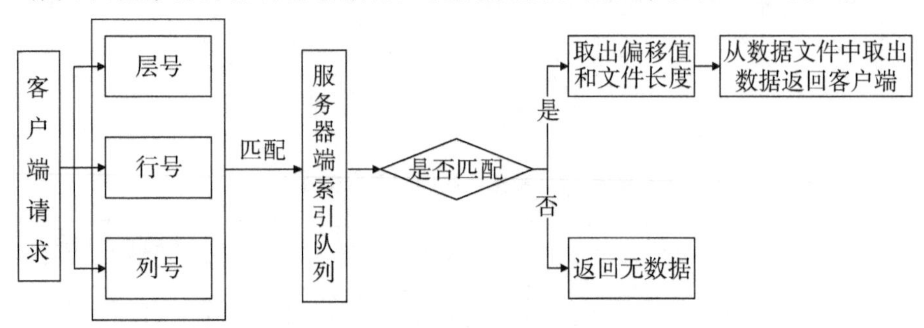

图 4－6　服务端相应客户端请求流程

使用一个简单的例子来说明矢量数据块的查询方式，请求 URL 如下：

http：//localhost：3751/MapdataService/GetTile. ashx？ T = BMNG _ JAN_ 01234&L =4&X =111&Y =63

服务器端接收到请求后，将请求翻译成层号 =4、行号 =111、列号 =63，之后将层、行列号编码，编码结果为 1125 901 769 113 663，通过这个编码结果进行匹配，匹配成功后获得偏移值为 42 323 124，文件长度为 43 789，再通过偏移值和文件长度在数据文件的 42 323 124 字节的偏移处取出 43 789 字节的数据，命名为 4_ 11_ 63. zip，返回给客户端。

（四）系统的软硬件平台

1. 客户端软硬件平台

（1）软件

操作系统：Windows XP 或以上 Windows 平台；

运行时：DirectX 3D 运行时、. Net Framework 4. 0 运行时、ArcGIS 10

运行时。

(2) 硬件

CPU 奔腾4处理器或以上、1 GB 内存或以上、GeForce 显卡或以上。

2. 服务器端软硬件平台

(1) 软件

操作系统：Windows Server 2003 或以上 Windows Server 平台；

运行时：. Net Framework 4.0 运行时、ArcGIS 10 运行时。

(2) 硬件

CPU 奔腾志强处理器或以上、4 GB 内存或以上、硬盘 500 G 或以上。

(五) 系统的界面设计

系统界面分为3个区域。其中，菜单和工具栏提供系统的功能菜单和快捷工具栏；图层管理区管理所有可用的数据图层，包括影像、地形、矢量、模型和注记5个部分，用户可以针对需求进行定制和调整；三维绘制区是三维虚拟地球的主要绘制窗口，所有需要绘制的内容均在此展示。系统的主界面如图4-7所示。

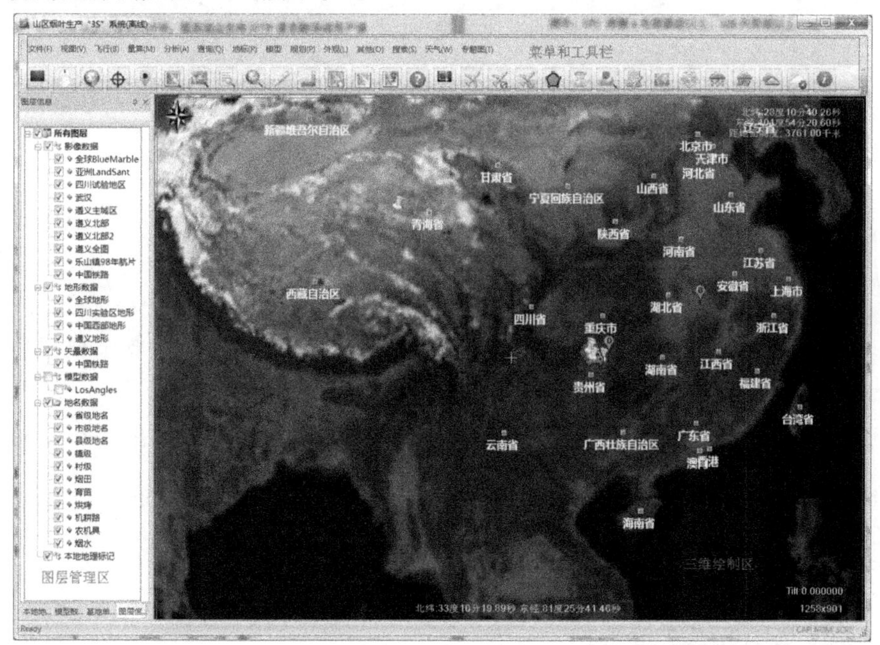

图4-7 系统主界面

第2节　典型试验、试验结果和试验结论

（一）三维屏幕绘制精度优化的三维地形网格建立和顶点优化插值试验

1. 平原城市地区顶点优化插值试验

选取有代表性的城市武汉进行平原城市地区动态顶点插值试验，本试验数据是武汉大学附近区域的1：50 000居民区线状矢量数据。共有线状要素258个，坐标系统为WGS84，数据范围：纬度（30.564 521，30.518 618），经度（114.284 957，114.357 493）。原始数据如图4－8所示。

图4－8　实验4－1的原始数据

平原城市地区动态顶点插值的主要处理流程如下：

① 根据数据的范围跨度选择相应的地形数据块；

② 根据数据的范围跨度计算数据的显示高度范围，计算5个像素失真等级以内的失真距离阈值；

③ 通过5个像素失真等级以内的失真距离阈值对地形数据进行多等级优化地形网格创建；

④ 结合多等级优化地形网格进行多等级矢量数据优化插值；

⑤ 分颜色进行区分绘制；

⑥ 统计结果并分析。

图4－9给出了武汉市部分道路1：50 000矢量数据根据地形进行的

5 个像素失真等级的插值结果，图中红、绿、蓝、黄、黑色的顶点分别是 1、2、3、4、5 像素失真的插值顶点。

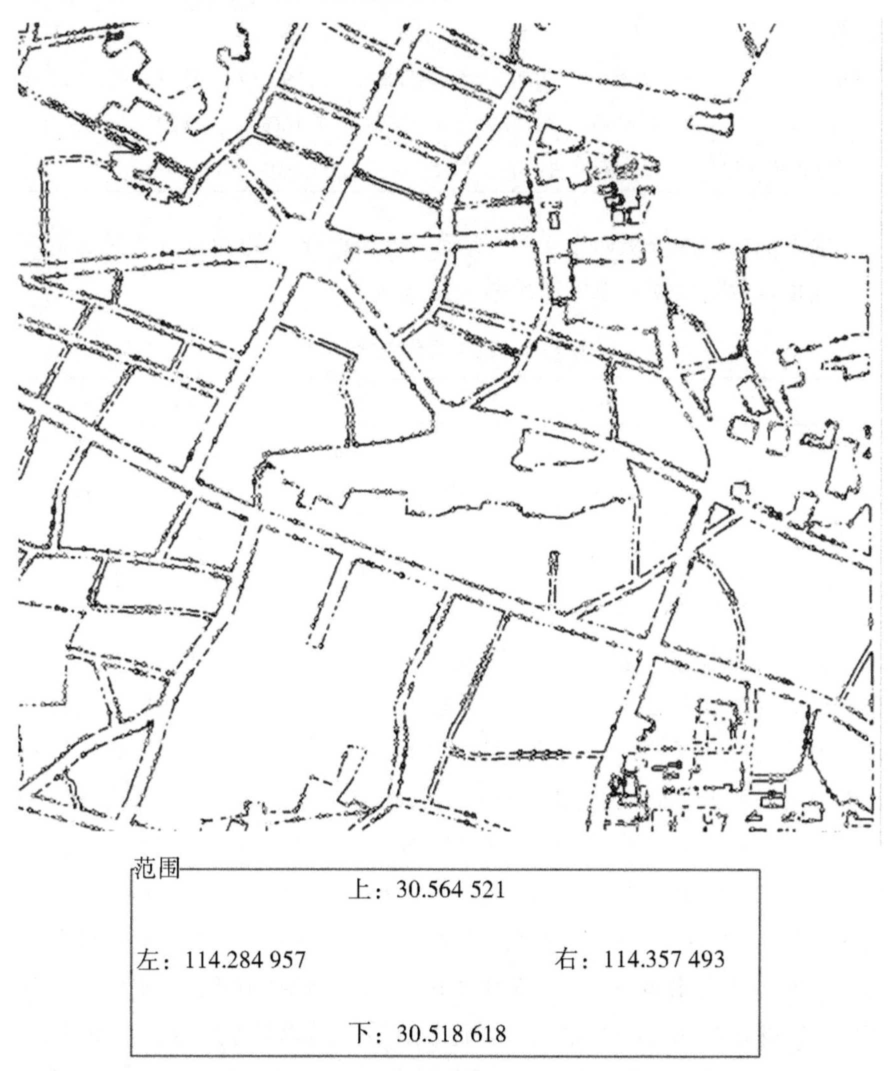

图 4－9　武汉市部分道路顶点插值后的绘制效果（见彩插）

网格优化统计分析如表 4－1 所示。其中，三角形个数是指被认为是相对平坦的三角形面片个数；网格优化率定义为相对平坦的三角形面片个数和未优化规则网格所有三角形数的比值。

表 4－1　网格优化统计分析

	等级 1	等级 2	等级 3	等级 4	等级 5	其他
颜色	红	绿	蓝	黄	黑	无色
三角形个数	7020	6832	2522	1590	2114	2123
所占比重	31.62%	30.77%	11.36%	7.16%	9.52%	9.56%
该等级网格优化率	9.56%	19.08%	26.24%	37.60%	68.37%	

顶点优化统计分析如表 4－2 所示。等级优化率的计算方法是该等级的插入顶点数除以零失真网格的插入顶点数。

表 4－2　顶点优化统计分析

	等级 1	等级 2	等级 3	等级 4	等级 5
颜色	红	绿	蓝	黄	黑
插入顶点个数	1394	2174	1966	844	669
所占比重	18.64%	29.08%	26.29%	11.29%	8.95%
该等级优化率	0	18.64%	47.72%	74.01%	85.30%

对上述结果进行分析表明：通过 5 个等级地形网格的优化，规则的三角网格被分解成了三维绘制时失真像素不同的 5 个等级。各等级的跨度比较均匀。例如，红色网格占比为 18.64%，绿色网格占比为 29.08%，蓝色网格占比为 26.29%，它们的网格占比相差不大，较为平均，等级变更后，优化效果平均且明显。在对矢量数据进行了多等级插值优化后，插值的顶点也被分成了 5 个，顶点的优化率分配均匀。例如，绿色网格的等级优化率占比 18.64%，蓝色网格的等级优化率占比 29.08%（等级优化率占比＝该等级优化率－上一等级优化率），它们的优化率均为 20%～30%，能够较好地实现优化的平滑过渡。在失真像素较小的等级 2 和等级 3 的优化中，具有比较高的优化率，插值顶点数目的减少都在 1000 个左右。

2. 山区矢量数据顶点优化插值试验

选取有代表性的四川省某山区路网进行山区动态顶点插值试验。四川省某山区路网矢量数据由 339 个线状矢量要素组成，坐标系统为 WGS84，数据范围：纬度（28.995 240，28.000 284）、经度（101.999 884，102.988 680）。

平原城市地区动态顶点插值的主要处理流程如下：

① 根据数据的范围跨度选择相应的地形数据块；

② 根据数据的范围跨度计算数据的显示高度范围，计算5个像素失真等级以内的失真距离阈值；

③ 通过5个像素失真等级以内的失真距离阈值对地形数据进行多等级优化地形网格创建；

④ 结合多等级优化地形网格进行多等级矢量数据优化插值；

⑤ 分颜色进行区分绘制；

⑥ 统计结果并分析。

四川省某山区路网求取的优化地形网格结果和顶点优化插值实验结果如图4-10和图4-11所示。

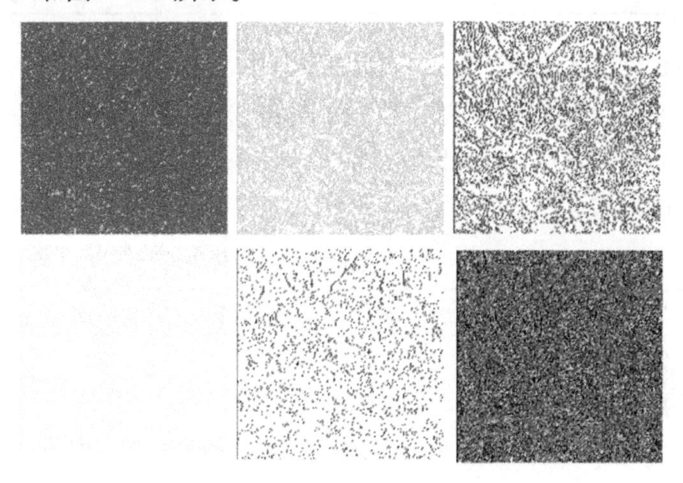

图4-10　山区数据多等级优化地形网格（见彩插）

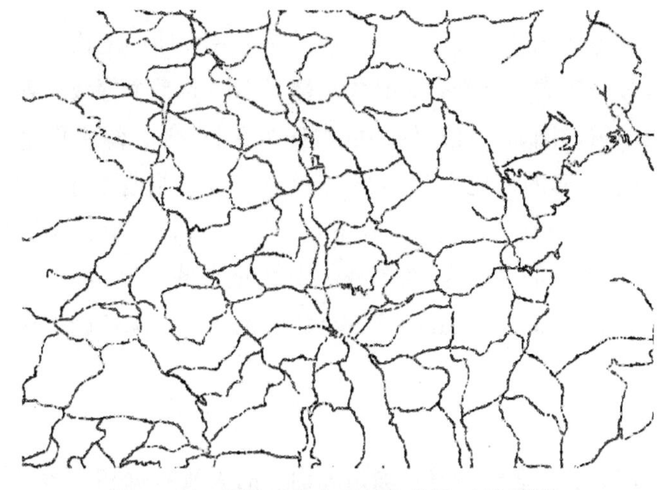

图4-11　插值后的矢量数据效果（见彩插）

网格优化统计分析如表 4－3 所示。其中，三角形个数是指经过相应等级阈值计算后，认为不是相对平坦的三角形个数；所占比重是指三角形个数与原始的规则网格的比值；优化率是指经过相应等级阈值计算后，认为相对平坦的区域和原始的规则网格总区域的比值。

表 4－3　山区地形数据各等级优化结果

	等级 1	等级 2	等级 3	等级 4	等级 5	其他
颜色	红	绿	蓝	黄	黑	无色
三角形个数	6762	7451	3550	1493	2298	647
所占比重	31. 99%	33. 56%	15. 99%	6. 72%	10. 35%	1. 39%
该等级网格优化率	1. 39%	11. 74%	18. 46%	34. 45%	68. 01%	

顶点优化统计分析如表 4－4 所示。其中，插入顶点个数是指在该优化等级下必须插入的顶点个数；所占比重是指插入顶点个数和按照“零失真网格”插值的顶点个数的比值；等级优化率是指经优化去除的顶点和总插入顶点的比值。

表 4－4　山区矢量数据块顶点优化统计

	等级 1	等级 2	等级 3	等级 4	等级 5
颜色	红	绿	蓝	黄	黑
插入顶点个数	4062	4685	2712	1463	646
所占比重	28. 11%	32. 42%	18. 77%	10. 13%	4. 47%
该等级优化率	0	4. 47%	14. 62%	33. 39%	65. 81%

通过对上述结果进行分析表明：通过 5 个等级地形网格的优化，规则的三角网格被分解成了三维绘制时失真像素不同的 5 个等级。各等级的跨度相对比较均匀。例如，红色网格的占比为 31. 99%，绿色网格的占比为 33. 56%，蓝色网格的占比为 15. 99%。优化率较平原地区有一定下降。例如，与表 4－2 相比，绿色网格下降了 14. 17%，蓝色网格下降了 33. 10%。蓝色顶点的占比为 18. 77%，黄色顶点的占比为 10. 13%，它们的优化率也有所下降，在失真程度较小的红色网格和绿色网格中具有一定的优化率。

3. 试验结论

通过选取具有代表性的平原城市和山区的矢量数据和地形数据，本试验分别进行了多等级的地形优化计算和多等级的矢量插值计算，显示了优化效果，统计了试验结果。

分析本章的试验及试验结果，可以得到以下结论：

① 使用多等级的地形优化算法，在平原和山区的地形上均能将规则的三角形网格分成各等级优化阈值下的相对平坦的优化网格；

② 经过多等级的网格优化，各等级的网格划分较为平均，分等级的优化在各等级之间具有一定跨度，优化层次感较好；

③ 通过多等级的地形优化网格对矢量数据进行插值，也能较好地对插入顶点进行分级，各等级的插入顶点划分较为平均，分等级的优化绘制在各等级之间具有一定跨度，优化层次感较好；

④ 地形较为平缓的平原地区比地形较为复杂的山区具有更高的优化率。

（二）三维矢量数据综合化简试验

1. 中国西部 1：50 000 树状水系遗传算法求取主流最优解试验

试验数据选取了国家西部 1：50 000 水系的数字线化图及国家西部 DEM 数据。相关文件规范参考了国家标准 GB/T 19710—2005《地理信息　元数据》和《1：50 000 数据库工程总辑》中的“数字高程模型元数据文件的内容和格式”及“数字正射影像元数据文件的内容和格式”。选取了昆仑河附近的一块区域作为试验区域，该区域共由 297 条线串 2049 个节点构成，试验对该区域的树状水系构建拓扑关系，建立树状河网，每条河段关联了前节点和后节点，并对试验需要的其他参数进行了设置。在完成数据预处理后，进行了遗传算法求取主流最优解的试验。

遗传算法求取主流最优解主要采用第 2 章介绍的遗传算法，主要处理流程如下：

① 对河网数据进行数据读取和录入，录入的同时计算相关拓扑信息、语义信息；

② 结合 DEM 数据计算相关地形信息，从中计算语义信息；

③ 通过遗传算法选取主流；

④ 输出并绘制结果；

⑤ 统计结果并分析。

试验采用遗传算法求取主流，种群规模 m 设为 100，变异率 p_M 为 0.5，交叉率 p_C 为 0.5，终止条件是 200 代种群进化内最优河流的适应度不再增加，即趋近于一个最大值。试验重复运行了 100 次，取平均值，以减少偶然性误差和遗传算法不同河段选择造成的误差。表 4 - 5 给出了不同试验次数的各次求解最优河段的遗传算法迭代数、最优河段的染色体编码及最大适应度值。

表 4 - 5　求解最优河段的遗传算法迭代数、主流染色体编码及最大适应度值

试验次数	迭代数	主流染色体编码	最大适应度值
第 1 次	49	206，205，103，100，156，102，155，148，154，98，153，152，190，93，92，91，90，89，88，85，84，83，82，73，80，75，74，76，119，118	18.703 231 00
⋮	99	206，205，103，100，156，102，155，99，154，98，153，152，190，93，92，91，90，89，88，85，84，83，82，73，80，75，74，76，119，161，243，95，94，78，77，87，134，7，108，109	25.093 255 00
	149	206，205，103，100，156，155，99，98，153，152，151，93，92，91，90，89，88，85，84，83，82，73，72，75，74，76，119，161，243，95，94，78，77，87，79，71，70，96	26.556 172 00
	199	206，205，103，100，156，155，99，98，153，152，151，93，92，91，90，89，88，85，84，83，82，73，72，75，74，76，119，161，243，95，94，78，77，87，79，71，70，96	27.734 268 40

续表

试验次数	迭代数	主流染色体编码	最大适应度值
第50次	50	206，205，103，100，156，102，155，148，154，98，153，152，190，93，92，91，90，89，88，85，84，83，82，73，80，75，74，76，119，118	18.733 677 00
⋮	150	206，205，103，100，156，155，99，98，153，152，151，93，92，91，90，89，88，85，84，83，82，73，72，75，74，76，119，161，243，95，94，78，77，87，79，71，70，96	25.334 183 50
	200	206，205，103，100，156，155，99，98，153，152，151，93，92，91，90，89，88，85，84，83，82，73，72，75，74，76，119，161，243，95，94，78，77，87，79，71，70，96	27.114 588 90
第100次	50	206，205，103，100，156，102，155，148，154，98，153，152，190，93，92，91，90，89，88，85，84，83，82，73，80，75，74，76，119，118	17.376 528 91
⋮	120	206，205，103，100，156，155，99，98，153，152，151，93，92，91，90，89，88，85，84，83，82，73，72，75，74，76，119，161，243，95，94，78，77，87，79，71，70，96	23.356 185 40
	150	206，205，103，100，156，155，99，98，153，152，151，93，92，91，90，89，88，85，84，83，82，73，72，75，74，76，119，161，243，95，94，78，77，87，79，71，70，96	28.871 090 10

故本次试验的河流主流选取结果为：（206，205，103，100，156，155，99，98，153，152，151，93，92，91，90，89，88，85，84，83，82，73，72，75，74，76，119，161，243，95，94，78，77，87，79，71，70，96）。

图4－12给出了国家西部1：50 000水系主流选取，图4－13给出了主流与对应DOM数据的对比图。

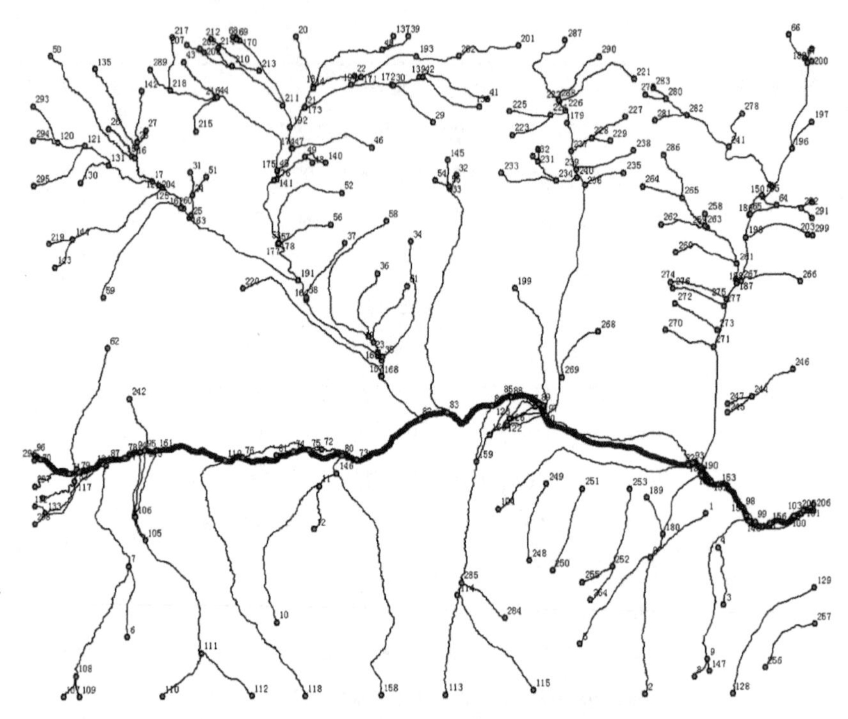

图 4－12　国家西部 1∶50 000 水系主流选取

图 4－13　DOM 数据与计算选取主流数据图的匹配状况

从遗传算法求取主流最优解试验结果分析，可得到下列结论：

① 由于使用了遗传算法进行全局最优求解，遗传算法能够综合考虑矢量数据的拓扑关系、水文数据、语义数据，能够更为准确地找到河网的主流；

② 遗传算法是一种易于扩展、性能稳定的优化求解方案；

③ 由于对河段长度、顶点数（一般是弯曲），汇水面积等水文因素的考虑，本方法在对主流的选取上比较准确，从而能较准确确定河流的层次结构，保证后续综合后的河流保持河流的主要特征，包括流向、长度、交角、汇水面积等。

2. 中国西部 1：50 000 树状水系主流提取综合简化试验

试验数据选取了国家西部 1：50 000 水系的数字线化图和国家西部 DEM 数据。相关的文件规范参考了国家标准 GB/T 19710—2005《地理信息　元数据》《1：50 000 数据库工程总辑》中的“数字高程模型元数据文件的内容和格式”。选取了昆仑河附近的一块区域作为试验区域，该区域共由 297 条线串 2049 个节点构成，试验对该区域的树状水系构建拓扑关系，建立树状河网，每条河段关联了前节点和后节点，并对试验需要的其他参数进行了设置。在完成数据预处理后，进行了遗传算法求取主流最优解的试验。

国家西部某水系的 Horton 编码，如图 4－14 所示。

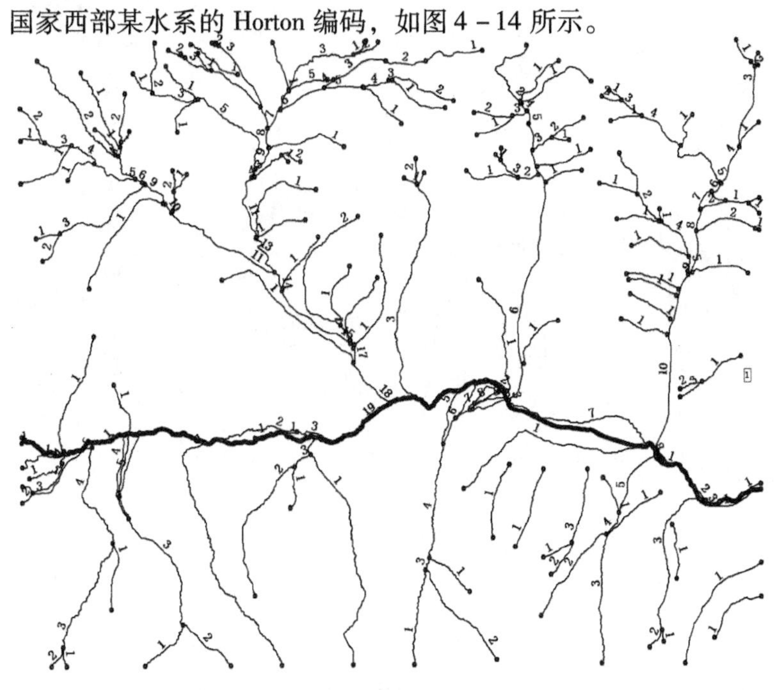

图 4－14　国家西部某水系的 Horton 编码

根据第3章的公式3－1和公式3－2对各分解尺度进行了计算，并进行取整操作（其长度是整百），并将分解尺度汇总。5个比例尺的综合的分界尺度如表4－6所示。

表4－6　各比例尺的主要分界尺度

	Horton编码	长度	顶点数	汇水面积
1∶100 000	2	1500	4	3
1∶250 000	3	2000	7	6
1∶500 000	4	2500	10	10
1∶1000 000	5	3500	12	15
1∶2000 000	6	4500	14	30

各比例尺的综合效果如图4－15所示。

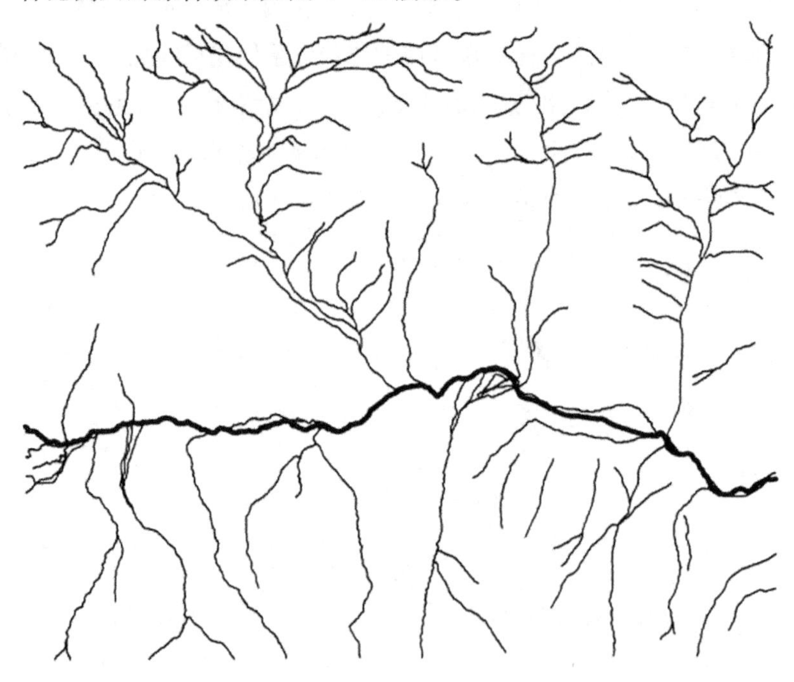

（a）原始数据1∶50 000

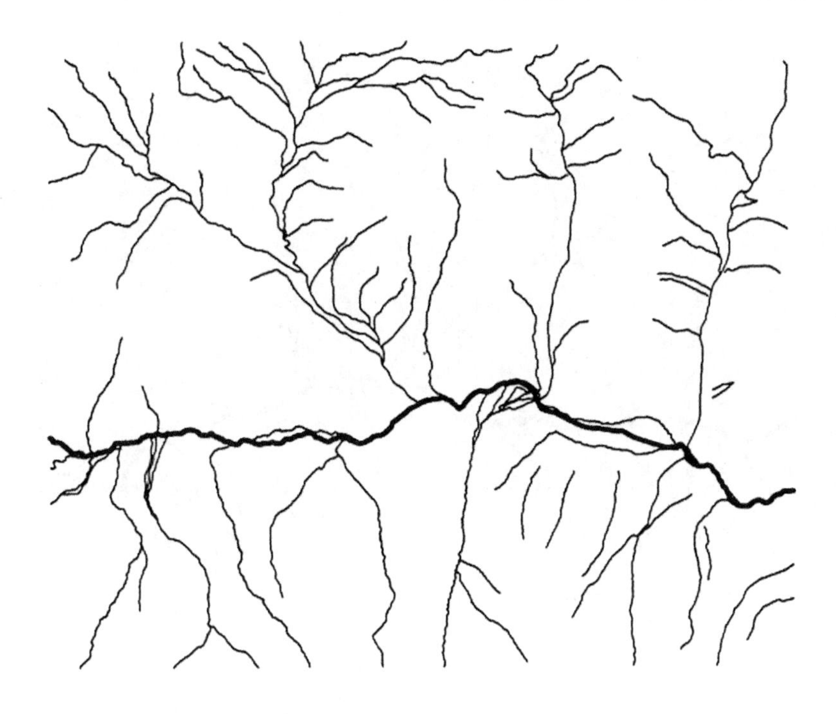

（b）综合数据 1：100 000

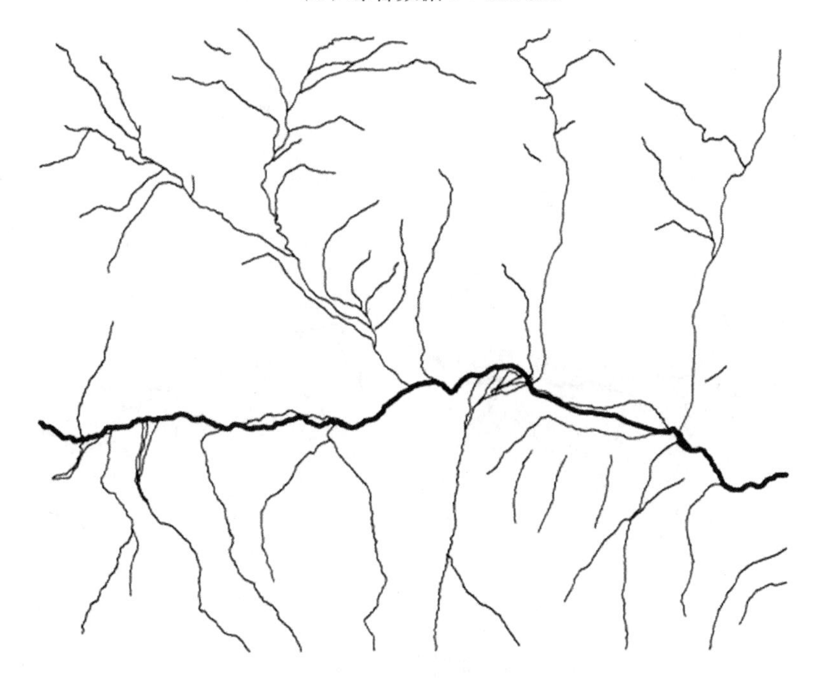

（c）综合数据 1：250 000

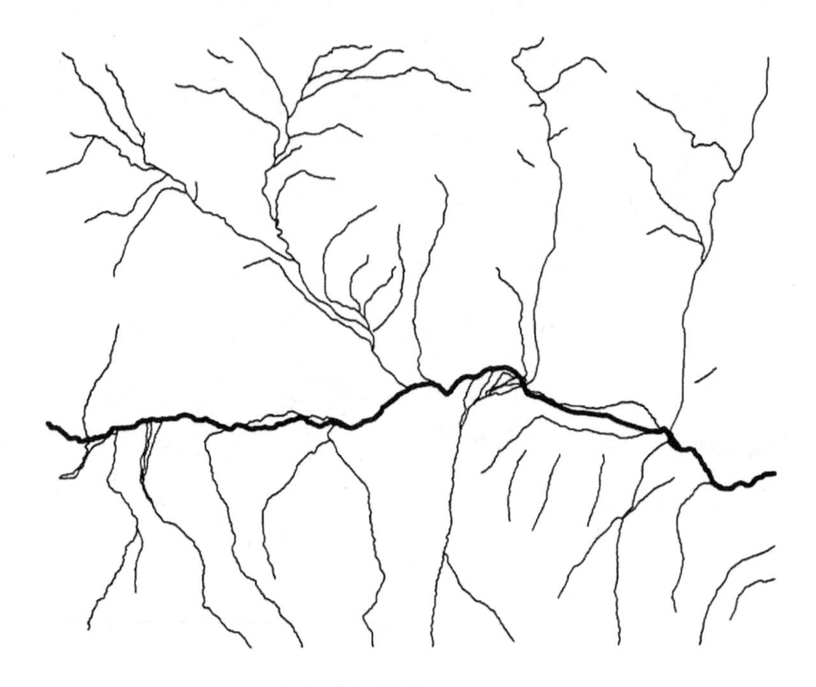

（d）综合数据 1：500 000

（e）综合数据 1：1000 000

（f）综合数据 1：2000 000

图 4－15　各比例尺的综合效果

主要分界尺度和河段的精简率如表 4－7 所示。

表 4－7　主要参数和优化效果

	Horton 编码	长度	河段数量	河段数量精简率
1：100 000	2	1500	244	17.8%
1：250 000	3	2000	187	37.0%
1：500 000	4	2500	151	49.2%
1：1000 000	5	3500	116	60.9%
1：2000 000	6	4500	90	69.0%

从实验结果分析，可以得到下述结论：

① 本章提出的河网综合化简算法，较好地保留了主流和重要的支流，是一种较为有效的综合方法；

② 本章提出了河网综合分界尺度的概念，支持河网的多个渐变比例尺的无级综合；

③ 采用多评价尺度进行选取和概括，提高了综合的速度，成功地完成了制图综合；

④ 各比例尺要素缩编的比率较为平均，能分等级逐步优化要素数量。

（三）矢量绘制试验

1. 中国西部 1∶50 000 树状水系数据绘制试验

试验数据选取国家西部 1∶50 000 水系的数字线化图和国家西部 DEM 数据。

主要试验流程如下：

① 在矢量数据绘制时，充分利用制图综合后的多比例尺数据和多等级优化地形网格，在尽量减少绘制失真的情况下，尽可能提高绘制效率；

② 如果矢量数据较为复杂，系统绘制帧数较低，可以增加像素失真等级，减少插值顶点的绘制来提高系统的流畅性；

③ 若改变像素失真等级后，还不能满足帧数需求，系统会调用简化后的矢量数据进行绘制。

本试验采用了 5 等级顶点优化插值和 3 等级综合简化。

为了测试系统在资源下降的时候，为提高用户体验从而自动进行更大比例尺的数据调用，在测试的时候使用了系统降频软件，人为造成了系统的卡顿，发现系统能够自动地进行顶点插值和比例尺的切换。具体细节可以参照图 4－16、图 4－17 和图 4－18。图 4－16 是系统绘制的原始矢量数据，在系统压力较大时已经调用了 5 级失真绘制，但还是不能满足绘制需求，因此改为绘制图 4－17 中的综合化简矢量数据。图 4－18 给出了系统调用/不调用综合化简矢量数据要素对比，可以看出，采用目视判读，要素有明显减少。

① 系统绘制效率降低到一定程度时，原型系统能够自动调用一定等级像素失真数据和综合化简数据，从而达到提高屏幕绘制效率和用户体验的目的；

② 当三维虚拟地球的比例尺较大，地图要素比较拥挤时，原型系统能够自动调用综合简化数据，从而达到提高屏幕绘制效率和用户体验的目的。

图 4－16　原始数据的显示

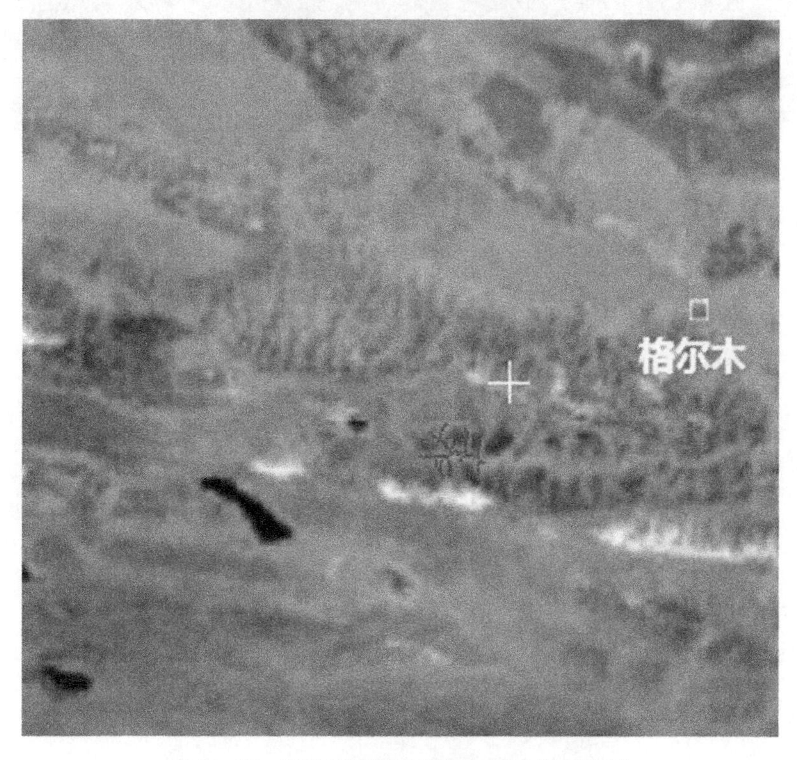

图 4－17　自动切换顶点数据和综合数据显示

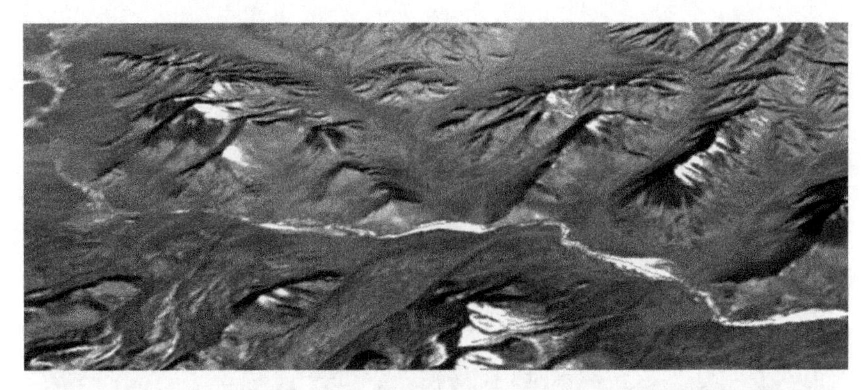

（a）原始数据的显示

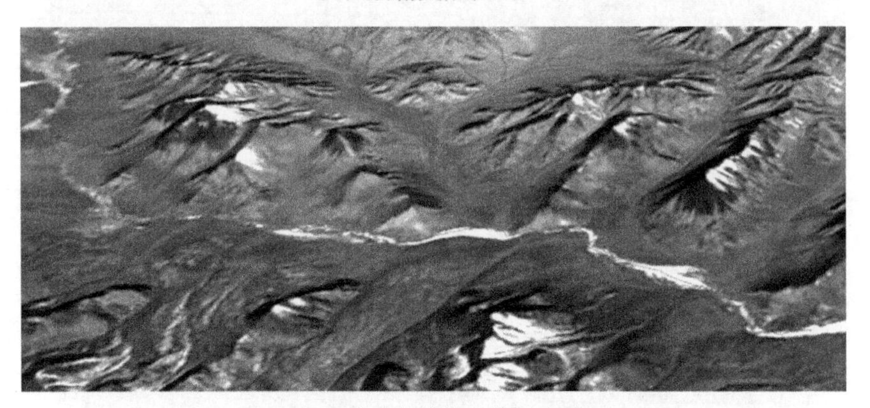

（b）自动切换综合数据显示

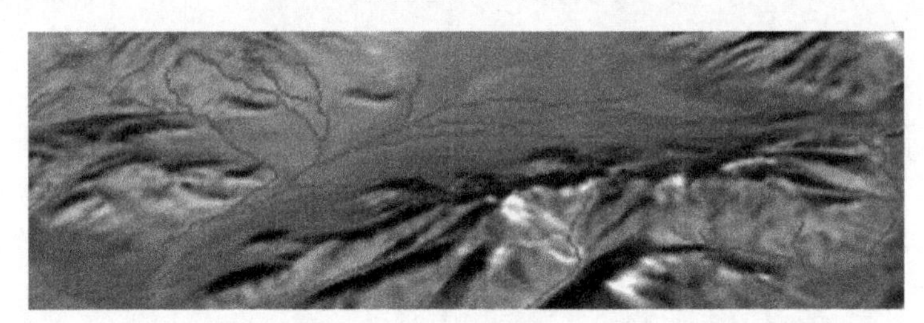

（c）原始数据显示

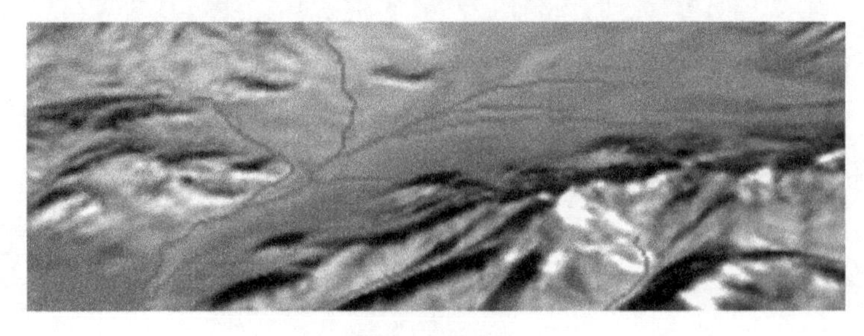

（d）自动切换综合数据显示

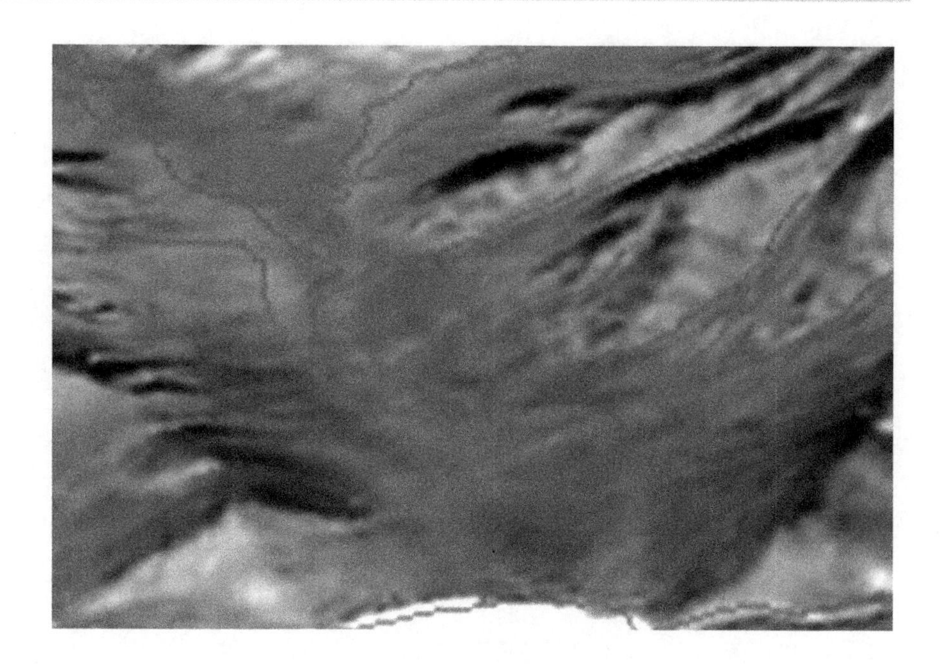

（e）原始数据的显示

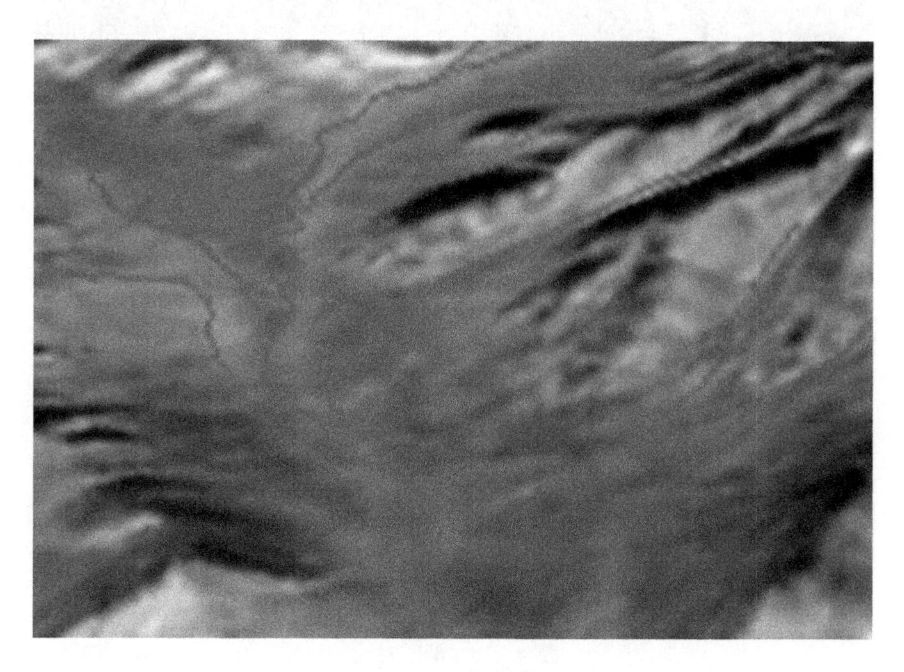

（f）自动切换综合数据显示

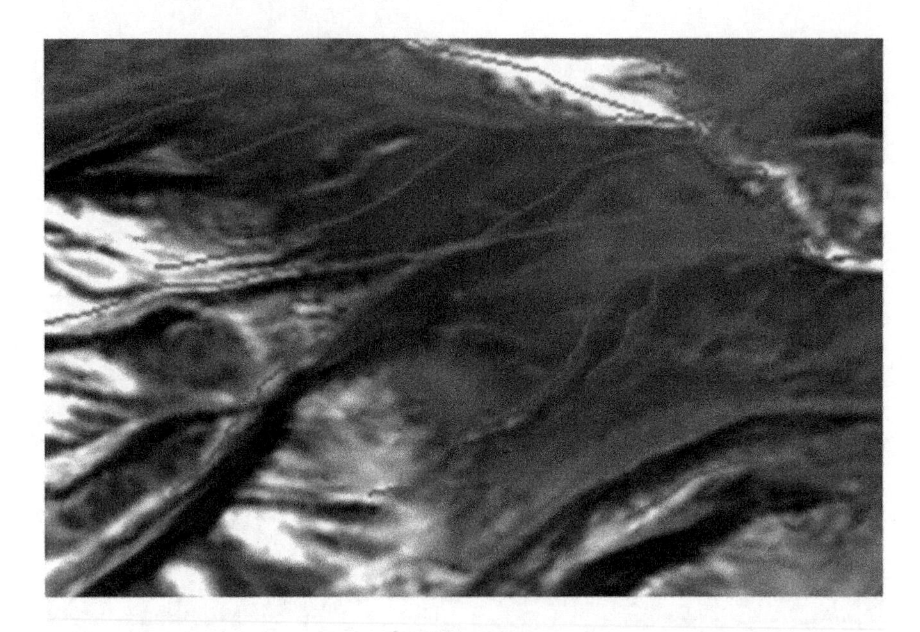

（g）原始数据的显示

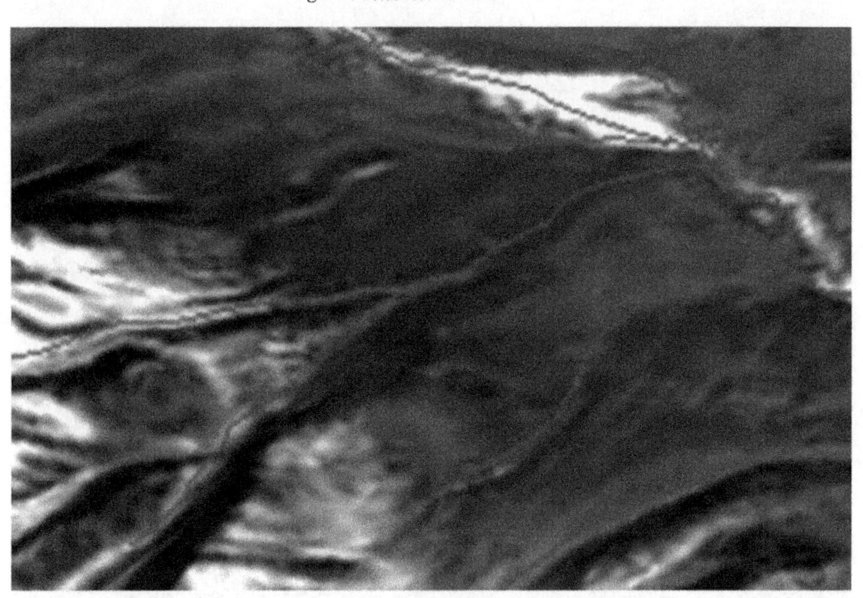

（h）自动切换综合数据显示

图 4－18　细节对比

第3节　小结

本章首先简单介绍了三维矢量绘制原型系统的总体结构、功能模块、数据组织和界面设计；重点介绍了系统的典型试验，给出了试验数据、处理流程、试验结果、结果分析和结果评价，验证了本章提出的理论和方法的可行性和有效性。

第 5 章　总结与展望

第 1 节　研究总结和创新之处

三维矢量数据的绘制是三维地理信息中迫切需要解决的具有挑战性的前沿课题。针对研究存在屏幕绘制精度优化和插值数据量优化所有割裂、结合不够的现象，本书选取基于几何叠加法的矢量数据的三维实时绘制作为研究内容，重点研究了考虑语义信息和基于优化算法数据源快速无级化简、结合考虑屏幕绘制精度的矢量优化插值、矢量绘制数据集的一体化金字塔组织等关键技术问题，取得了下列具有创新性的研究成果。

① 分析三维矢量绘制的主要因素，提出了由三维矢量绘制的数据源、矢量数据的预处理、矢量数据的组织与储存、三维绘制策略和三维矢量绘制结果的评价方法 5 个因素组成的 5 元组模型。

② 研究了绝对平坦地区的三维线状矢量交点插值优化算法，提出了通过合并平坦三角形优化地形从而减少插值顶点数量的解决策略，进行了试验验证。

③ 通过定义屏幕绘制像素偏差或像素失真值，给出了屏幕绘制精度的形式化度量方法。

④ 研究了相对平坦地区的三维线状矢量交点插值优化算法。针对三维矢量绘制中的动态插值研究存在屏幕绘制精度优化和插值数据量优化有所割裂、结合不够，提出了结合考虑屏幕绘制精度的 N 像素失真的优化地形网格模型；提出了基于多等级优化地形网格模型的三维线状矢量交点插值优化算法；使用优化后的多边形网格来对矢量数据进行插值，能够很好地降低矢量数据插值的数据量，显著提高矢量数据的绘制效率。

⑤ 提出了 N 像素失真的优化地形网格和插值顶点的修正，实现了极端情况下优化网格的实时修正。

⑥ 提出一种基于遗传算法求取河流主流最优解的策略和方法，首先将河网结构的问题看作选取主流的问题，将选取主流的问题看作一个全局最优的问题，在全局优化的问题中综合考虑拓扑信息和语义信息；提出了使用遗传算法的求解策略，求取河流的主流，再建立河流的层次结构，试验验证了该方案的有效性。遗传算法能够综合考虑拓扑信息和水文、地形等语义信息，能够更为准确地找到河流的主流，是一种易于扩展、性能稳定的优化求解河流主流最优解方案。

⑦ 研究和实现了屏幕显示条件下河网数据的快速无级综合。在确定了河流的主流之后，使用常用的 Horton 编码，对水系数据进行分级和结构化，之后通过三维环境下的无级综合的动态分解尺度选取综合化简的要素，运用本书提出的综合算子，实现了屏幕显示条件下河网数据的快速无级综合。

⑧ 提出了一种三维矢量数据组织方法，使用等间隔经度、纬度网格的方式对球面进行剖分，建立一种不完全的区域四叉树，将原始的矢量数据与地形数据、优化后的矢量数据与地形数据、简化后的矢量数据和数据块元数据这几个部分构建成新的数据块，并将这种新的数据块作为金字塔的基本元素建立矢量金字塔，最后使用大文件 + 索引的方式实现服务器端对矢量数据块的快速查询。

⑨ 提出了动态综合调用的优化绘制方法，在矢量数据进行绘制时，充分利用制图综合后的多比例尺数据和多等级优化地形网格，在尽量减少绘制失真的情况下，尽可能提高了绘制效率。

⑩ 研发了三维矢量绘制的原型系统，实现了本书提出的理论和方法，选用典型数据进行了相关试验，验证了本书提出的理论和方法的正确性。

第2节　研究展望

由于时间的关系，本书的研究不可能穷尽所有矢量数据三维绘制的问题，本书研究的问题只是所有问题的冰山一角，即使是本书重点研究的内容，也还有些问题需要解决，总结如下。

① 矢量数据和地形数据块的接边绘制问题。由于矢量数据在创建金

字塔时进行了切分，切分边缘在进行绘制时，有时会产生断裂的情况，这种情况也会出现在地形上，贴合地形的矢量数据继承了这个问题。

② 层块化的矢量数据查询及查询速率问题。由于层块化的矢量数据分割了原有矢量数据，一个矢量要素可能会被分到多个矢量数据块中。这种分割给矢量要素的查询带来了较大难度。若在每个分割后数据块的要素中存储原始数据的要素 ID，也能实现查询，但效率不高，也使得矢量数据块的结构变得更加复杂。

③ 矢量数据的综合速率问题。目前矢量数据的综合速率还比较慢，尤其是在选取河网的主干时，速度较慢。由于目前的综合操作主要还是在预处理时完成，因此，对客户端的影响和用于体验的影响还不大，但是将来如果将综合放在客户端做实时综合，速率方面还需要较大提高。

④ 矢量数据综合的数据类型问题（路网、等高线等）。目前的矢量数据综合工作主要还是以河网数据为代表进行的，但是需要综合的矢量数据绝不止河网数据这一种。将来希望能考虑更多类型的数据，如路网、等高线。

⑤ 绘制样式的多样化问题。目前，本书的三维矢量绘制主要还是基于矢量要素直接绘制，将来希望能实现三维矢量的符号化配置。

第6章　部分参考代码

第1节　三维绘制部分

```
BOOL CVectorTileSet::Initialize( CGlobeSceneViewer *  pSceneViewer)
{
    if ( m_bInitialized) return TRUE;
    switch( m_nVectorSourceType)
    {
    case 1:
        {
            m_pShpReader = new CShapeFileReader( m_strShapeFileLoc) ;
            m_pShpReader->ReadShapeFile( ) ;
            m_bInitialized = TRUE;
            break;
        }
    }
    return TRUE;
}

void CVectorTileSet::Update( CGlobeSceneViewer *  pSceneViewer)
{
    if( ! m_bUpdated)
    {
      PolyLinesToVertex( ) ;
      m_bUpdated = TRUE;
    }
    return;
}
```

```
void CVectorTileSet::Render(CGlobeSceneViewer * pSceneViewer)
{
    CSingleLock singleLock(&m_children_SyncRoot);
    singleLock.Lock();
    for(int i=0; i < m_pVertices.size(); i++)
    {
      CD3DDevice * device = pSceneViewer->m_pDevice;
      BOOL d3d_zEnable = TRUE;
      device->_device->GetRenderState(D3DRS_ZENABLE, (DWORD *)&d3d_
zEnable);
      device->_device->SetRenderState(D3DRS_ZENABLE, FALSE);
      device->_device->SetTextureStageState(0, D3DTSS_COLOROP, D3DTOP_DIS-
ABLE);
      device->_device->SetFVF(CUSTOMVERTEXPC_FVF);

      D3DXMATRIX woldMatrix;
      D3DXMatrixTranslation(&woldMatrix,
    (float) -pSceneViewer->m_pCamera->m_ReferenceCenter.X,
    (float) -pSceneViewer->m_pCamera->m_ReferenceCenter.Y,
    (float) -pSceneViewer->m_pCamera->m_ReferenceCenter.Z);
      pSceneViewer->m_pDevice->_device->SetTransform(D3DTS_WORLD,
&woldMatrix);
      pSceneViewer->m_pDevice->_device->GetRenderState(D3DRS_ZENABLE,
(DWORD *)&d3d_zEnable);
      pSceneViewer->m_pDevice->_device->SetRenderState(D3DRS_ZENABLE,
FALSE);
      pSceneViewer->m_pDevice->_device->SetFVF(CUSTOMVERTEXPC_FVF);
      pSceneViewer->m_pDevice->_device->DrawPrimitiveUP(D3DPT_LINES-
TRIP, m_nPolyLineLength[i] -1, m_pVertices[i], sizeof(CustomVertex_PositionColored));
      pSceneViewer->m_pDevice->_device->SetRenderState(D3DRS_ZENABLE,
TRUE);
      pSceneViewer->m_pDevice->_device->SetTransform(D3DTS_WORLD,
&pSceneViewer->m_pCamera->m_WorldMatrix);
      pSceneViewer->m_pDevice->_device->SetRenderState(D3DRS_ZENABLE,
d3d_zEnable);
```

```
        singleLock. Unlock( ) ;
    }
}
void CVectorTileSet: : Dispose( )
{
    std: : vector < CustomVertex_PositionColored * > : : iterator iter;
    for ( iter = m_pVertices. begin( ) ; iter! = m_pVertices. end( ) ; iter + + )
    {
        delete * iter;
    }

    std: : vector < VectorLayer * > : : iterator iter1;
    for ( iter1 = m_pLayers. begin( ) ; iter1! = m_pLayers. end( ) ; iter1 + + )
    {
        delete * iter1;
    }
    delete m_pShpReader;
}

BOOL CVectorTileSet: : PerformSelectionAction( CGlobeSceneViewer * pSceneViewer)
{
    return TRUE;
}

BOOL CVectorTileSet: : IsVisible( CGlobeSceneViewer * pSceneViewer)
{
    return TRUE;
}

void CVectorTileSet: : PolyLinesToVertex( )
{
    if( this - > m_pShpReader! = NULL&&m_bInitialized)
    {
        CSingleLock singleLock( &m_children_SyncRoot) ;
        singleLock. Lock( ) ;
```

```
//PolyLine Loop
std: : vector < shpPolyLine * > : : iterator iter;
for ( iter = m_pShpReader - > m_pIntegratedPolyLineRecords. begin( ) ; iter! = m_
pShpReader - > m_pIntegratedPolyLineRecords. end( ) ; iter + + )
{
  //Part loop
  int * PartsLength;
  PartsLength = new int ( ( ( shpPolyLine * ) ( * iter) ) - > NumParts) ;
  for( int i =0 ; i < ( ( shpPolyLine * ) ( * iter) ) - > NumParts ; i + + )
  {
    //int LastPart = ( ( shpPolyLine * ) ( * iter) ) - > Parts[ i] ;
    //int AllPoints = ( ( shpPolyLine * ) ( * iter) ) - > NumPoints;
    //PartsLength[ i]  = AllPoints - LastPart;
    //判断是否最后一点
    if( i! = ( ( shpPolyLine * ) ( * iter) ) - > NumParts  - 1 )
    {
      int Next = ( ( shpPolyLine * ) ( * iter) ) - > Parts[ i + 1] ;
      int This = ( ( shpPolyLine * ) ( * iter) ) - > Parts[ i] ;
      PartsLength[ i] = ( ( shpPolyLine * ) ( * iter) ) - > Parts[ i + 1] - ( ( shpPolyLine
* ) ( * iter) ) - > Parts[ i] ;
    }
    else
    {
      PartsLength[ i] = ( ( shpPolyLine * ) ( * iter) ) - > NumPoints  - ( ( shpPolyLine
* ) ( * iter) ) - > Parts[ i] ;
    }
  }
  //PointLoop
  std: : vector < shpPoint * > : : iterator iter1;
  int PointNum = 0, PartNum = 0; //i for points j for parts

  D3DXVECTOR3 * points;
  points = new D3DXVECTOR3[ PartsLength[ PartNum] ] ;
  CustomVertex_PositionColored * Vertices;
  Vertices = new CustomVertex_PositionColored[ PartsLength[ PartNum] ] ;
```

```
        for ( iter1 = ( ( shpPolyLine * ) ( * iter) ) - > Points. begin( ) ; iter1! = ( ( shpPoly-
Line * ) ( * iter) ) - > Points. end( ) ; iter1 + + )
        {
            points[ PointNum] = CMathEngine: : SphericalToCartesian( ( ( shpPoint * ) ( *
iter1) ) - > Y, ( ( shpPoint * ) ( * iter1) ) - > X, 6378137. 0 + 5000) ;
            Vertices[ PointNum]. x = points[ PointNum]. x;
            Vertices[ PointNum]. y = points[ PointNum]. y;
            Vertices[ PointNum]. z = points[ PointNum]. z;
            Vertices[ PointNum]. Colour = 0xff0000ff;
            PointNum + + ;
            if( PointNum = = PartsLength[ PartNum] ) //One Line Ends
            {
                delete[ ] points;
                //delete[ ] polygonVertex;
                m_nPolyLineLength. push_back( PointNum) ;
                m_pVertices. push_back( Vertices) ;

                PointNum = 0;
                PartNum + + ;
                if( PartNum ! = ( ( shpPolyLine * ) ( * iter) ) - > NumParts)
                {
                    Vertices = new CustomVertex_PositionColored[ PartsLength[ PartNum] ] ;
                    points = new D3DXVECTOR3[ PartsLength[ PartNum] ] ;
                }

            }
        }
        //delete [ ] PartsLength;
    }
    singleLock. Unlock( ) ;
  }
}

BOOL CVectorTileSet: : LoadConfigSettings( )
{
    //检验 XML
    if( ! PathFileExists( m_strConfigFileLoc) ) return FALSE;
```

```
    //转 string
    char XMLpath[512];
  #ifdef UNICODE
    ::WideCharToMultiByte( CP_ACP, 0, m_strConfigFileLoc, -1, XMLpath, MAX_
PATH, NULL, NULL);
    #else
    strcpy( XMLpath, path);
  #endif
    //读取 XML, 获取 placename
    TiXmlDocument xml( XMLpath);
  if( xml. LoadFile())
  {
    TiXmlElement * root = xml. RootElement();
    char temp[1024];
    //DataType
    TiXmlElement * DataTypeNode = root - > FirstChildElement();
    //FileName
    TiXmlElement * FileNameNode = DataTypeNode - > NextSiblingElement();
    //Range
    TiXmlElement * RangeNode = FileNameNode - > NextSiblingElement();
    //MinLon
    TiXmlElement * MinLonNode = RangeNode - > FirstChildElement();
    String_UTF_8toANSI( MinLonNode - > FirstChild() - > Value(), temp);
    this - > m_dMinLon = atof( temp);
    //MaxLon
    TiXmlElement * MaxLonNode = MinLonNode - > NextSiblingElement();
    String_UTF_8toANSI( MaxLonNode - > FirstChild() - > Value(), temp);
    this - > m_dMaxLon = atof( temp);
    //MinLat
    TiXmlElement * MinLatNode = MaxLonNode - > NextSiblingElement();
    String_UTF_8toANSI( MinLatNode - > FirstChild() - > Value(), temp);
    this - > m_dMinLat = atof( temp);
    //MaxLat
    TiXmlElement * MaxLatNode = MinLatNode - > NextSiblingElement();
    String_UTF_8toANSI( MaxLatNode - > FirstChild() - > Value(), temp);
    this - > m_dMaxLat = atof( temp);
    //Layers
```

```
        TiXmlElement * LayersNode = RangeNode - > NextSiblingElement( );
        String_UTF_8toANSI( LayersNode - > Attribute( "Num"), temp);
        this - > m_nLayerNumber = atoi( temp);
        //TempLayerNode
        TiXmlElement * TempLayerNode = LayersNode - > FirstChildElement( );
        while( TempLayerNode! = NULL)
        {
            //Layer
            //LayerNum
            TiXmlElement * LayerNumNode = TempLayerNode - > FirstChildElement( );
            String_UTF_8toANSI( LayerNumNode - > FirstChild( ) - > Value( ), temp);
            int LayerNum = atoi( temp);
            //MinAlt
            TiXmlElement * MinAltNode = LayerNumNode - > NextSiblingElement( );
            String_UTF_8toANSI( MinAltNode - > FirstChild( ) - > Value( ), temp);
            double MinAlt = atof( temp);
            //MaxAlt
            TiXmlElement * MaxAltNode = MinAltNode - > NextSiblingElement( );
            String_UTF_8toANSI( MaxAltNode - > FirstChild( ) - > Value( ), temp);
            double MaxAlt = atof( temp);
            //Epsilon
            TiXmlElement * EpsilonNode = MaxAltNode - > NextSiblingElement( );
            String_UTF_8toANSI( EpsilonNode - > FirstChild( ) - > Value( ), temp);
            double Epsilon = atof( temp);

            //Create Struct
            VectorLayer * newLayer = new VectorLayer( LayerNum, MinAlt, MaxAlt, Epsilon);
            this - > m_pLayers. push_back( newLayer);

            TempLayerNode = TempLayerNode - > NextSiblingElement( );
        }
    }
    return TRUE;
}
```

第 2 节　矢量操作部分

```
shpMainFileHeader * CShapeFileReader::GetShpInfo()
{
    //Read Header Value From file.

    //Open Main File
    CStringA fileLoc(m_strFileLoc.GetBuffer(0));
    m_strFileLoc.ReleaseBuffer();
    std::string FileLoc = fileLoc.GetBuffer(0);
    FILE * fp = fopen(FileLoc.c_str(), "rb");

    //Read Data
    //Define Data
    int FileCode;
    int Unused1, Unused2, Unused3, Unused4, Unused5;
    int FileLength;
    int Version;
    int ShapeType;
    double Xmin, Ymin, Xmax, Ymax, Zmin, Zmax, Mmin, Mmax;

    //Read
    //File Code
    if(fp != NULL) fread(&FileCode, sizeof(int), 1, fp);
    //Change Byte Order
    FileCode = FileCode/pow(256.0, 3) + int(FileCode/pow(256.0, 2))%256*256 +
(FileCode/256)%int(pow(256.0, 2))/int(pow(256.0, 2))*pow(256.0, 2) + FileCode%
256*pow(256.0,3);

    //Unused1
    if(fp != NULL) fread(&Unused1, sizeof(int), 1, fp);
    //Change Byte Order
```

```
Unused1 = Unused1/pow(256.0,3) + int(Unused1/pow(256.0,2))%256 * 256 + (Unused1/256)%int(pow(256.0,2))/int(pow(256.0,2)) * pow(256.0,2) + Unused1%256 * pow(256.0,3);

//Unused2
if(fp != NULL) fread(&Unused2, sizeof(int), 1, fp);
//Change Byte Order
Unused2 = Unused2/pow(256.0,3) + int(Unused2/pow(256.0,2))%256 * 256 + (Unused2/256)%int(pow(256.0,2))/int(pow(256.0,2)) * pow(256.0,2) + Unused2%256 * pow(256.0,3);

//Unused3
if(fp != NULL) fread(&Unused3, sizeof(int), 1, fp);
//Change Byte Order
Unused3 = Unused3/pow(256.0,3) + int(Unused3/pow(256.0,2))%256 * 256 + (Unused3/256)%int(pow(256.0,2))/int(pow(256.0,2)) * pow(256.0,2) + Unused3%256 * pow(256.0,3);

//Unused4
if(fp != NULL) fread(&Unused4, sizeof(int), 1, fp);
//Change Byte Order
Unused4 = Unused4/pow(256.0,3) + int(Unused4/pow(256.0,2))%256 * 256 + (Unused4/256)%int(pow(256.0,2))/int(pow(256.0,2)) * pow(256.0,2) + Unused4%256 * pow(256.0,3);

//Unused5
if(fp != NULL) fread(&Unused5, sizeof(int), 1, fp);
//Change Byte Order
Unused5 = Unused5/pow(256.0,3) + int(Unused5/pow(256.0,2))%256 * 256 + (Unused5/256)%int(pow(256.0,2))/int(pow(256.0,2)) * pow(256.0,2) + Unused5%256 * pow(256.0,3);

//FileLength
int temp = 0; FileLength = 0;
if(fp != NULL) fread(&temp, 1, 1, fp);
```

```
FileLength += temp * pow(256.0,3);
if(fp != NULL) fread(&temp, 1, 1, fp);
FileLength += temp * pow(256.0,2);
if(fp != NULL) fread(&temp, 1, 1, fp);
FileLength += temp * pow(256.0,1);
if(fp != NULL) fread(&temp, 1, 1, fp);
FileLength += temp;
FileLength *= 2;

//Version
if(fp != NULL) fread(&Version, sizeof(int), 1, fp);

//Shape Type
if(fp != NULL) fread(&ShapeType, sizeof(int), 1, fp);

//Xmin
if(fp != NULL) fread(&Xmin, sizeof(double), 1, fp);

//Ymin
if(fp != NULL) fread(&Ymin, sizeof(double), 1, fp);

//Xmax
if(fp != NULL) fread(&Xmax, sizeof(double), 1, fp);

//Ymax
if(fp != NULL) fread(&Ymax, sizeof(double), 1, fp);

//Zmin
if(fp != NULL) fread(&Zmin, sizeof(double), 1, fp);

//Zmax
if(fp != NULL) fread(&Zmax, sizeof(double), 1, fp);

//Mmin
if(fp != NULL) fread(&Mmin, sizeof(double), 1, fp);
```

```
    //Mmax
    if( fp ! = NULL) fread( &Mmax, sizeof( double) , 1, fp) ;

    //Close Main File
    fclose( fp) ;

    this - > m_MainFileHeader = new
shpMainFileHeader( FileCode, Unused1, Unused2, Unused3, Unused4, Unused5, FileLength,
Version, ShapeType, Xmin, Ymin, Xmax, Ymax, Zmin, Zmax, Mmin, Mmax) ;
    return m_MainFileHeader;
}

int CShapeFileReader: : GetRecordsNum( )
{
    CString strIdxFileLoc = m_strFileLoc. Left( m_strFileLoc. GetLength( ) - 4) + _T( ". shx") ;
    CStringA IdxfileLoc( strIdxFileLoc. GetBuffer( 0) ) ;
    strIdxFileLoc. ReleaseBuffer( ) ;
    std: : string IdxFileLoc = IdxfileLoc. GetBuffer( 0) ;

    //Open File
    FILE * fp = fopen( IdxFileLoc. c_str( ) ,  "rb") ;

    fseek( fp, 0, 2) ;
    int IdxFileLength = ftell( fp) ;
    //Close File
    fclose( fp) ;

    return ( IdxFileLength - 100) /8;
}

BOOL CShapeFileReader: : GetIndexRecords( )
{
    shpIndexRecord * IndexRecord;

    CString strIdxFileLoc = m_strFileLoc. Left( m_strFileLoc. GetLength( ) - 4) + _T( ". shx") ;
```

```
CStringA IdxfileLoc( strIdxFileLoc. GetBuffer(0));
strIdxFileLoc. ReleaseBuffer();
std: : string IdxFileLoc = IdxfileLoc. GetBuffer(0);

//Open ShxFile
FILE * fpShx = fopen( IdxFileLoc. c_str(), "rb");
//Skip the Head
fseek( fpShx, 100, 0);
//Read Records
int temp = 0; int Offset = 0, ContentLength = 0;
for( int i = 0 ; i < GetRecordsNum() ; i + +)
{
  //Offset
  Offset = 0;
  if( fpShx ! = NULL) fread( &temp, 1, 1, fpShx);
    Offset + = temp * pow(256. 0, 3);
  if( fpShx ! = NULL) fread( &temp, 1, 1, fpShx);
    Offset + = temp * pow(256. 0, 2);
  if( fpShx ! = NULL) fread( &temp, 1, 1, fpShx);
    Offset + = temp * pow(256. 0, 1);
  if( fpShx ! = NULL) fread( &temp, 1, 1, fpShx);
    Offset + = temp;
  Offset * = 2;

  //ContentLength
  ContentLength = 0;
  if( fpShx ! = NULL) fread( &temp, 1, 1, fpShx);
    ContentLength + = temp * pow(256. 0, 3);
  if( fpShx ! = NULL) fread( &temp, 1, 1, fpShx);
    ContentLength + = temp * pow(256. 0, 2);
  if( fpShx ! = NULL) fread( &temp, 1, 1, fpShx);
    ContentLength + = temp * pow(256. 0, 1);
  if( fpShx ! = NULL) fread( &temp, 1, 1, fpShx);
    ContentLength + = temp;
  ContentLength * = 2;
```

```
        IndexRecord = new shpIndexRecord( Offset, ContentLength) ;
        m_pIndexRecords. push_back( IndexRecord) ;
    }
    //Close File
    fclose( fpShx) ;

    return TRUE;
}

BOOL CShapeFileReader: : GetShapeMultiLineRecords( )
{
    shpIndexRecord *  IndexRecord;

    CString strIdxFileLoc = m_strFileLoc. Left( m_strFileLoc. GetLength( ) -4) +_T( ". shx") ;
    CStringA IdxfileLoc( strIdxFileLoc. GetBuffer( 0) ) ;
    strIdxFileLoc. ReleaseBuffer( ) ;
    std: : string IdxFileLoc = IdxfileLoc. GetBuffer( 0) ;

    //Open ShxFile
    FILE * fpShx = fopen( IdxFileLoc. c_str( ) ,  "rb") ;
    //Skip the Head
    fseek( fpShx, 100, 0) ;
    //Read Records
    int temp =0;  int Offset =0, ContentLength =0;
    for( int i =0 ;  i <    GetRecordsNum( )  ;  i + +)
    {
        //Offset
        Offset =0;
        if( fpShx ! =  NULL)  fread( &temp,  1,  1,  fpShx) ;
            Offset  + =  temp * pow( 256. 0, 3) ;
        if( fpShx ! =  NULL)  fread( &temp,  1,  1,  fpShx) ;
            Offset  + =  temp * pow( 256. 0, 2) ;
        if( fpShx ! =  NULL)  fread( &temp,  1,  1,  fpShx) ;
            Offset  + =  temp * pow( 256. 0, 1) ;
        if( fpShx ! =  NULL)  fread( &temp,  1,  1,  fpShx) ;
```

```
        Offset + = temp;
      Offset * = 2;

      //ContentLength
      ContentLength = 0;
      if( fpShx ! = NULL) fread( &temp, 1, 1, fpShx);
        ContentLength + = temp * pow( 256. 0, 3);
      if( fpShx ! = NULL) fread( &temp, 1, 1, fpShx);
        ContentLength + = temp * pow( 256. 0, 2);
      if( fpShx ! = NULL) fread( &temp, 1, 1, fpShx);
        ContentLength + = temp * pow( 256. 0, 1);
      if( fpShx ! = NULL) fread( &temp, 1, 1, fpShx);
        ContentLength + = temp;
      ContentLength * = 2;
    IndexRecord = new shpIndexRecord( Offset, ContentLength);
    m_pIndexRecords. push_back( IndexRecord);
    }
    //Close File
    fclose( fpShx);

    return TRUE;
}

void CShapeFileReader: : Uninitialize( )
{
    //release everything
    //MainFileHeader
    delete m_MainFileHeader;
    //index
    std: : vector < shpIndexRecord * > : : iterator iter;
    for ( iter = m_pIndexRecords. begin( ) ; iter! = m_pIndexRecords. end( ) ; iter + + )
      delete * iter;
    m_pIndexRecords. clear( );

    //PolyLine
```

```
    std::vector<shpPolyLine * >::iterator iter1;
    for (iter1 = m_pPolyLineRecords.begin() ; iter1! = m_pPolyLineRecords.end() ; iter1++)
    {
        delete ((shpPolyLine *)( * iter1)) - >Parts;
        std::vector<shpPoint * >::iterator iter2;
        for (iter2 = ((shpPolyLine * )( * iter1)) - >Points.begin() ; iter2! = ((shpPoly-
Line *)( * iter1)) - >Points.end() ; iter2++)
        {
            delete * iter2;
        }
        m_pIndexRecords.clear();
        delete * iter1;
    }
    m_pPolyLineRecords.clear();
}

void CShapeFileReader::ReadShapeFile()
{
    //Read Header Value From file.

    //Open Main File
    CStringA fileLoc(m_strFileLoc.GetBuffer(0));
    m_strFileLoc.ReleaseBuffer();
    std::string FileLoc = fileLoc.GetBuffer(0);
    FILE * fp = fopen(FileLoc.c_str(), "rb");

    //Read Data
    //Define Data
    int FileCode;
    int Unused1, Unused2, Unused3, Unused4, Unused5;
    int FileLength;
    int Version;
    int ShapeType;
    double Xmin, Ymin, Xmax, Ymax, Zmin, Zmax, Mmin, Mmax;
```

```
//Read
//File Code
if(fp != NULL) fread(&FileCode, sizeof(int), 1, fp);
//Change Byte Order
FileCode = FileCode/pow(256.0, 3) + int(FileCode/pow(256.0, 2))%256*256 +
(FileCode/256)%int(pow(256.0, 2))/int(pow(256.0, 2)) * pow(256.0, 2) + FileCode%
256*pow(256.0,3);

//Unused1
if(fp != NULL) fread(&Unused1, sizeof(int), 1, fp);
//Change Byte Order
Unused1 = Unused1/pow(256.0,3) + int(Unused1/pow(256.0,2))%256*256 + (Un-
used1/256)%int(pow(256.0,2))/int(pow(256.0,2)) * pow(256.0,2) + Unused1%256*
pow(256.0,3);

//Unused2
if(fp != NULL) fread(&Unused2, sizeof(int), 1, fp);
//Change Byte Order
Unused2 = Unused2/pow(256.0,3) + int(Unused2/pow(256.0,2))%256*256 + (Un-
used2/256)%int(pow(256.0,2))/int(pow(256.0,2)) * pow(256.0,2) + Unused2%256*
pow(256.0,3);

//Unused3
if(fp != NULL) fread(&Unused3, sizeof(int), 1, fp);
//Change Byte Order
Unused3 = Unused3/pow(256.0,3) + int(Unused3/pow(256.0,2))%256*256 + (Un-
used3/256)%int(pow(256.0,2))/int(pow(256.0,2)) * pow(256.0,2) + Unused3%256*
pow(256.0,3);

//Unused4
if(fp != NULL) fread(&Unused4, sizeof(int), 1, fp);
//Change Byte Order
Unused4 = Unused4/pow(256.0,3) + int(Unused4/pow(256.0,2))%256*256 + (Un-
used4/256)%int(pow(256.0,2))/int(pow(256.0,2)) * pow(256.0,2) + Unused4%256*
pow(256.0,3);
```

```
//Unused5
if( fp ! = NULL) fread( &Unused5, sizeof( int) , 1, fp);
//Change Byte Order
Unused5 = Unused5/pow( 256. 0, 3) + int( Unused5/pow( 256. 0, 2)) % 256 * 256 + ( Unused5/256) % int( pow( 256. 0, 2)) /int( pow( 256. 0, 2)) * pow( 256. 0, 2) + Unused5% 256 * pow( 256. 0, 3);

//FileLength
int temp = 0; FileLength = 0;
if( fp ! = NULL) fread( &temp, 1, 1, fp);
FileLength + = temp * pow( 256. 0, 3);
if( fp ! = NULL) fread( &temp, 1, 1, fp);
FileLength + = temp * pow( 256. 0, 2);
if( fp ! = NULL) fread( &temp, 1, 1, fp);
FileLength + = temp * pow( 256. 0, 1);
if( fp ! = NULL) fread( &temp, 1, 1, fp);
FileLength + = temp;
FileLength * = 2;



//Version
if( fp ! = NULL) fread( &Version, sizeof( int) , 1, fp);

//Shape Type
if( fp ! = NULL) fread( &ShapeType, sizeof( int) , 1, fp);

//Xmin
if( fp ! = NULL) fread( &Xmin, sizeof( double) , 1, fp);

//Ymin
if( fp ! = NULL) fread( &Ymin, sizeof( double) , 1, fp);

//Xmax
if( fp ! = NULL) fread( &Xmax, sizeof( double) , 1, fp);
```

```
//Ymax
if(fp ! = NULL) fread( &Ymax, sizeof( double) , 1, fp) ;

//Zmin
if(fp ! = NULL) fread( &Zmin, sizeof( double) , 1, fp) ;

//Zmax
if(fp ! = NULL) fread( &Zmax, sizeof( double) , 1, fp) ;

//Mmin
if(fp ! = NULL) fread( &Mmin, sizeof( double) , 1, fp) ;

//Mmax
if(fp ! = NULL) fread( &Mmax, sizeof( double) , 1, fp) ;

this - > m_MainFileHeader = new
shpMainFileHeader( FileCode, Unused1, Unused2, Unused3, Unused4, Unused5, FileLength,
Version, ShapeType, Xmin, Ymin, Xmax, Ymax, Zmin, Zmax, Mmin, Mmax) ;
this - > m_dRawAspect = ( Xmax - Xmin) /( Ymax - Ymin) ;
switch( ShapeType)
{
case 0 : //NULL Shape
  {
    break;
  }
case 1 : //Point
  {
    break;
  }
case 3 : //PolyLine
  {
    //loop
    while( ! feof( fp) )
    {
      //PolyLine define
```

```
shpPolyLine * newPolyLine;
int RecordNumber = 0, ContentLength = 0, temp = 0;
int ShapeType;
double Box[4];
int NumParts, NumPoints;
int * Parts;
//RecordNumber
if(fp != NULL) fread(&temp, 1, 1, fp);
RecordNumber += temp * pow(256.0,3);
if(fp != NULL) fread(&temp, 1, 1, fp);
RecordNumber += temp * pow(256.0,2);
if(fp != NULL) fread(&temp, 1, 1, fp);
RecordNumber += temp * pow(256.0,1);
if(fp != NULL) fread(&temp, 1, 1, fp);
RecordNumber += temp;

//ContentLength
if(fp != NULL) fread(&temp, 1, 1, fp);
ContentLength += temp * pow(256.0,3);
if(fp != NULL) fread(&temp, 1, 1, fp);
ContentLength += temp * pow(256.0,2);
if(fp != NULL) fread(&temp, 1, 1, fp);
ContentLength += temp * pow(256.0,1);
if(fp != NULL) fread(&temp, 1, 1, fp);
ContentLength += temp;
ContentLength *= 2;

//ShapeType
if(fp != NULL) fread(&ShapeType, sizeof(int), 1, fp);

//Box
if(fp!=NULL) fread(&Box[0], sizeof(double), 1, fp);
if(fp!=NULL) fread(&Box[1], sizeof(double), 1, fp);
if(fp!=NULL) fread(&Box[2], sizeof(double), 1, fp);
if(fp!=NULL) fread(&Box[3], sizeof(double), 1, fp);
```

```
    //NumParts
    if( fp! = NULL) fread( &NumParts, sizeof( int) , 1, fp) ;

    //NumPoints
    if( fp! = NULL) fread( &NumPoints, sizeof( int) , 1, fp) ;

    //parts
    Parts = new int( NumParts) ;
    for( int i =0 ; i < NumParts ; i+ +)
    {
      if( fp! = NULL) fread( &Parts[ i] , sizeof( int) , 1, fp) ;
    }

    //Create the PolyLine
    newPolyLine = new shpPolyLine( ) ;
    newPolyLine - > Box[ 0] = Box[ 0] ;
    newPolyLine - > Box[ 1] = Box[ 1] ;
    newPolyLine - > Box[ 2] = Box[ 2] ;
    newPolyLine - > Box[ 3] = Box[ 3] ;
    newPolyLine - > NumParts = NumParts;
    newPolyLine - > NumPoints = NumPoints;
    newPolyLine - > Parts = Parts;
    for( int i =0 ; i < NumPoints ; i + +)
    {
      shpPoint * newPoint = new shpPoint( ) ;
      //int ShapeType;
      double X, Y;
      //if( fp! = NULL) fread( &ShapeType, sizeof( int) , 1, fp) ;
      if( fp! = NULL) fread( &X, sizeof( double) , 1, fp) ;
      if( fp! = NULL) fread( &Y, sizeof( double) , 1, fp) ;
      newPoint - > X = X;
      newPoint - > Y = Y;
      newPolyLine - > Points. push_back( newPoint) ;
    }
    m_pPolyLineRecords. push_back( newPolyLine) ;
  }
```

```
        //AfxMessageBox( _T( "Shape File Read Complete! ! ") ) ;

        break;
      }
    fclose( fp) ;
}
```

第 3 节　矢量优化部分

```
void CMainFrame: : OnOpenShape( )
{
    OPENFILENAME ofn;                          //公共对话框结构
    TCHAR szFile[ MAX_PATH] ;                  //保存获取文件名称的缓冲区
    //初始化选择文件对话框
    ZeroMemory( &ofn, sizeof( OPENFILENAME) ) ;
    ofn. lStructSize = sizeof( OPENFILENAME) ;
    ofn. hwndOwner = NULL;
    ofn. lpstrFile = szFile;
    ofn. lpstrFile[ 0] = '\\0';
    ofn. nMaxFile = sizeof( szFile) ;
    ofn. lpstrFilter = _T( "ShapeFile( * . shp) \\0 * . shp \\0Text( * . txt) \\0 * . TXT \\0
\\0") ;
    ofn. nFilterIndex = 1;
    ofn. lpstrFileTitle = NULL;
    ofn. nMaxFileTitle = 0;
    ofn. lpstrInitialDir = NULL;
    ofn. Flags = OFN_PATHMUSTEXIST | OFN_FILEMUSTEXIST;
    //ofn. lpTemplateName = MAKEINTRESOURCE( ID_TEMP_DIALOG) ;
    //显示打开选择文件对话框

    if ( GetOpenFileName( &ofn) )
    {
      //显示选择的文件
      this - > m_strShapeLoc = szFile;
```

```
        ReadData( m_strShapeLoc) ;
    }
}

bool CMainFrame: : ReadData( CString fileName)
{
    //设定最大最小范围
    //OGREnvelope * pzRect = new OGREnvelope;

    /* * * * * * * * * * * * * * *   Register   * * * * * * * * * * * * * * */

    OGRRegisterAll( ) ;

    /* * * * * * * * * * * * *   Open DataSource   * * * * * * * * * * * * * */

    char captionstr[ 256] ;
      int  nLen  =: :  WideCharToMultiByte  (  CP  _  ACP,   0,   fileName. GetBuffer  ( 0 ) ,
fileName. GetLength( ) ,  ( char  * ) captionstr,  sizeof( captionstr)  - 1,  NULL,  NULL) ;
    captionstr[ nLen]  = '\\0';

    m_poDS = OGRSFDriverRegistrar: : Open( / * "C: \\Users \\firstfancy \\Documents \\
Code \\WorldXplorer Base2_2 \\Data \\shp \\ROALK_arc_arc. shp" * /captionstr, FALSE) ;

    if(  m_poDS  = =  NULL )
    {
        printf(  "Open failed.  \\n" ) ;
        exit( 1) ;
    }

    /* * * * * * * * * * * * * * *   Get the Layer   * * * * * * * * * * * * * * */
    layer_num = m_poDS - > GetLayerCount( ) ;

    CString str;
    str. Format( _T( "层数:  % d \\n") , layer_num) ;
    //AfxMessageBox( str) ;
```

```
CClientDC dc(((CMainFrame *)this) - >GetActiveView());
CPen pen(PS_SOLID,2,RGB(255,0,0));
CPen penB(PS_SOLID,2,RGB(0,0,255));
double dNorth, dSouth, dWest, dEast, dTileSizeDegrees;
int nRow, nCol; nRow = this - >m_wndBIL.m_nRow; nCol = m_wndBIL.m_nCol;
dTileSizeDegrees = m_wndBIL.m_dZeroSpan/pow(2.0f, m_wndBIL.m_nLevel);
dNorth = -90.0 + nRow * dTileSizeDegrees + dTileSizeDegrees;
dSouth = -90.0 + nRow * dTileSizeDegrees;
dWest = -180.0 + nCol * dTileSizeDegrees;
dEast = -180.0 + nCol * dTileSizeDegrees + dTileSizeDegrees;

double x1, y1, x2, y2;
x1 = int((dWest - dWest)/(dEast - dWest) * m_wndBIL.m_dTriLength * 149 +30);
y1 = int((dNorth - dNorth)/(dNorth - dSouth) * m_wndBIL.m_dTriLength * 149 +30);
x2 = int((dEast - dWest)/(dEast - dWest) * m_wndBIL.m_dTriLength * 149 +30);
y2 = int((dNorth - dNorth)/(dNorth - dSouth) * m_wndBIL.m_dTriLength * 149 +30);
dc.MoveTo(x1, y1);
dc.LineTo(x2, y2);

x1 = int((dEast - dWest)/(dEast - dWest) * m_wndBIL.m_dTriLength * 149 +30);
y1 = int((dNorth - dNorth)/(dNorth - dSouth) * m_wndBIL.m_dTriLength * 149 +30);
x2 = int((dEast - dWest)/(dEast - dWest) * m_wndBIL.m_dTriLength * 149 +30);
y2 = int((dNorth - dSouth)/(dNorth - dSouth) * m_wndBIL.m_dTriLength * 149 +30);
dc.MoveTo(x1, y1);
dc.LineTo(x2, y2);

x1 = int((dEast - dWest)/(dEast - dWest) * m_wndBIL.m_dTriLength * 149 +30);
y1 = int((dNorth - dSouth)/(dNorth - dSouth) * m_wndBIL.m_dTriLength * 149 +30);
x2 = int((dWest - dWest)/(dEast - dWest) * m_wndBIL.m_dTriLength * 149 +30);
y2 = int((dNorth - dSouth)/(dNorth - dSouth) * m_wndBIL.m_dTriLength * 149 +30);
dc.MoveTo(x1, y1);
dc.LineTo(x2, y2);

x1 = int((dWest - dWest)/(dEast - dWest) * m_wndBIL.m_dTriLength * 149 +30);
y1 = int((dNorth - dSouth)/(dNorth - dSouth) * m_wndBIL.m_dTriLength * 149 +30);
```

```
x1 = int( ( dWest - dWest) /( dEast - dWest)  * m_wndBIL. m_dTriLength * 149 +30) ;
y1 = int( ( dNorth - dNorth) /( dNorth - dSouth)  * m_wndBIL. m_dTriLength * 149 +30) ;
dc. MoveTo( x1, y1) ;
dc. LineTo( x2, y2) ;

for ( int i =0; i < layer_num; i + + )
{
  OGRLayer *  poLayer = m_poDS - > GetLayer( i) ;
  CLayer *  pLayer = new CLayer;

  poLayer - > GetExtent( m_pzRect) ;

  /* * * * * * * * * * * * *    Get the Feature    * * * * * * * * * * * * * */
  OGRFeature  * poFeature;
  poLayer - > ResetReading( ) ;
  int iFeature = poLayer - > GetFeatureCount( ) ;

  //CString GEONUM;
  //GEONUM. Format( "GEOMETRY 个数:  % d \\n", iFeature) ;
  //AfxMessageBox( GEONUM) ;

  /* * * * * * * * * * * * *    Get the Geometry    * * * * * * * * * * * * */
  while(  ( poFeature = poLayer - > GetNextFeature( ) )  ! =  NULL )
  {

    OGRGeometry  * poGeometry;

    poGeometry = poFeature - > GetGeometryRef( ) ;

    ////////////////////////////    Point    ////////////////////////////////
    if(  poGeometry  ! =  NULL
      && wkbFlatten( poGeometry - > getGeometryType( ) )   = = wkbPoint)
    {
      //AfxMessageBox( "point") ;
      OGRPoint * poPoint = ( OGRPoint  * )  poGeometry;
```

```
    CGeoPoint * pt = new CGeoPoint;
    pt - > x = poPoint - > getX( );
    pt - > y = poPoint - > getY( );
    pt - > z = poPoint - > getZ( );

    pLayer - > m_PointArray. Add( pt);
}

////////////////////////////  LineString  ////////////////////////////////

else if( poGeometry ! = NULL
    && wkbFlatten( poGeometry - > getGeometryType( ) )  = = wkbLineString)
{
    //AfxMessageBox( "line") ;
    OGRLineString * poLineString = ( OGRLineString * )  poGeometry;

    OGREnvelope * pz = new OGREnvelope;
    poLineString - > getEnvelope( pz) ;


    /*      CString str1;
    str1. Format( "线的范围矩形是: %. 3f, %. 3f, %. 3f, %. 3f \\n", pz - > MinX,
pz - > MaxX, pz - > MinY, pz - > MaxY) ;
    AfxMessageBox( str1) ;
    */
    delete pz;

    CGeoLine * pline = new CGeoLine;
    int l_num = poLineString - > getNumPoints( ) ;
    for ( int j = 0; j < l_num; j + + )
    {
        CGeoPoint tmpPoint;
        tmpPoint. x = poLineString - > getX( j) ;
        tmpPoint. y = poLineString - > getY( j) ;
        tmpPoint. z = poLineString - > getZ( j) ;
```

```
        pline - > m_Points. Add( tmpPoint) ;
    }
    pLayer - > m_LineArray. Add( pline) ;

    for ( int i = 0;  i  <  l_num - 1;  i + + )
    {
        CGeoPoint pPoint1 = pline - > m_Points. GetAt( i) ;
        CGeoPoint pPoint2 = pline - > m_Points. GetAt( i + 1) ;
        double x1, y1, x2, y2;
        x1 = pPoint1. x; y1 = pPoint1. y;
        x2 = pPoint2. x; y2 = pPoint2. y;

        int a, b, c, d;

        a =  int( ( x1 - dWest) / ( dEast - dWest)  * m_wndBIL. m_dTriLength * 149 + 30) ;
        b =  int( ( dNorth - y1) / ( dNorth - dSouth)  * m_wndBIL. m_dTriLength * 149 + 30) ;
        c =  int( ( x2 - dWest) / ( dEast - dWest)  * m_wndBIL. m_dTriLength * 149 + 30) ;
        d =  int( ( dNorth - y2) / ( dNorth - dSouth)  * m_wndBIL. m_dTriLength * 149 + 30) ;

        dc. SelectObject( &pen) ;
        dc. MoveTo( a, b) ;
        dc. LineTo( c, d) ;

        ////画插值点
        //斜方向
        //http: //fins. iteye. com/blog/1522259    http: //www. xjttkd. com/member/
        waybill. asp?900096685124

        for( int i = 0 ;  i  <  300 ;  i  + + )
        {
            int e = 30;  int f = i * m_wndBIL. m_dTriLength + 30;
            int g = i * m_wndBIL. m_dTriLength + 30;  int h = 30;
            double denominator = ( d - b)  * ( g - e)  - ( a - c)  * ( f - h) ;
            if ( denominator =  = 0)
```

{

continue;

}

//线段所在直线的交点坐标 (x , y)

int x = ((c - a) * (g - e) * (f - b) + (d - b) * (g - e) * a   - (h - f) * (c - a) * e) / denominator;

int y = - ((d - b) * (h - f) * (e - a)   + (c - a) * (h - f) * b   - (g - e) * (d - b) * f) / denominator;

/** 2 判断交点是否在两条线段上 **/

if ((x - a) * (x - c) < = 0 && (y - b) * (y - d) < = 0 && (x - e) * (x - g) < = 0 && (y - f) * (y - h) < = 0)

{

int j = (x - 30) / m_wndBIL. m_dTriLength;

int k = (y - 30) / m_wndBIL. m_dTriLength;

if (j <0||j >150||k <0||k >150) continue;

if(m_wndBIL. m_Conditions[j] [k] >0)

{

dc. SelectObject(penB) ;

dc. Ellipse(x - m_wndBIL. m_dCircleLength, y + m_wndBIL. m_dCircleLength, x + m_wndBIL. m_dCircleLength, y - m_wndBIL. m_dCircleLength) ;

dc. SelectObject(pen) ;

}

}

}

for(int i =0 ; i < 150 ; i + +)

{

//X 方向

int MinX, MaxX;

MinX = a ; MaxX = c;

if (a > c)

```
            {
                MinX = c ; MaxX = a;
            }
            if( MinX < i * m_wndBIL. m_dTriLength  + 30&&( i) * m_wndBIL. m_dTri-
Length  + 30 < MaxX)
            {
                //y = kx + l
                int x = 0, y = 0 , k = 0 , l = 0;
                k = ( b - d) / ( a - c) ; l = ( a * d - b * c) / ( a - c) ;
                x = i * m_wndBIL. m_dTriLength  + 30; y = int( ( b - d) * ( i * m_wnd-
BIL. m_dTriLength  + 30) / ( a - c) + ( a * d - b * c) / ( a - c) ) ;
                int n = ( y - 30) / m_wndBIL. m_dTriLength;
                //判断是否在优化网格中
                //判断在哪个区域
                //把直线方程写成一般式 Ax + By + c = 0,然后把点代入左边,若大于
0 则在直线下方,若小于 0 则在直线上方

                //if( m_wndBIL. m_Conditions[ i] [ n] = = 2 | | m_wndBIL. m_Conditions
[ i] [ n] = = 3 | | m_wndBIL. m_Conditions[ i + 1] [ n] = = 1 | | m_wndBIL. m_Conditions[ i + 1]
[ n] = = 3)
                if( m_wndBIL. m_Conditions[ i] [ n] > 0)
                {
                    //画插值点
                    //dc. SetPixel( x, y, RGB( 0, 0, 255) ) ;
                    //dc. SetPixel( x + 1, y, RGB( 0, 0, 255) ) ;
                    //dc. SetPixel( x + 1, y + 1, RGB( 0, 0, 255) ) ;
                    //dc. SetPixel( x + 1, y - 1, RGB( 0, 0, 255) ) ;
                    //dc. SetPixel( x - 1, y, RGB( 0, 0, 255) ) ;
                    //dc. SetPixel( x - 1, y + 1, RGB( 0, 0, 255) ) ;
                    //dc. SetPixel( x - 1, y - 1, RGB( 0, 0, 255) ) ;
                    //dc. SetPixel( x, y + 1, RGB( 0, 0, 255) ) ;
                    //dc. SetPixel( x, y - 1, RGB( 0, 0, 255) ) ;

                    dc. SelectObject( penB) ;
```

```
				dc. Ellipse( x - m_wndBIL. m_dCircleLength, y + m_wndBIL. m_dCir-
cleLength, x + m_wndBIL. m_dCircleLength, y - m_wndBIL. m_dCircleLength) ;
				dc. SelectObject( pen) ;
			}
		}


		//Y 方向
		int MinY, MaxY;
		MinY = b ; MaxY = d;
		if ( b > d)
		{
			MinY = d ; MaxY = b;
		}
		if( MinY < i * m_wndBIL. m_dTriLength  + 30&&( i) * m_wndBIL. m_dTri-
Length  + 30 < MaxY)
		{
			int x = 0,  y = 0 ;
			x = int( ( a - c) * ( i * m_wndBIL. m_dTriLength  + 30) / ( b - d) - ( a * d
- b * c) / ( b - d) ) ;  y = i * m_wndBIL. m_dTriLength  + 30;
			int n = ( x - 30) / m_wndBIL. m_dTriLength;
			if ( n > 0)
			{
				//if( m_wndBIL. m_Conditions[ n] [ i] = = 1 | | m_wndBIL. m_Conditions
[ n] [ i] = = 3/ * | m_wndBIL. m_Conditions[ n] [ i + 1] = = 2 | | m_wndBIL. m_Conditions[ n] [ i
+ 1] = = 3 * /)
				if( m_wndBIL. m_Conditions[ n] [ i] > 0)
				{
					//画插值点
					//dc. SetPixel( x, y, RGB( 0, 0, 255) ) ;
					//dc. SetPixel( x + 1, y, RGB( 0, 0, 255) ) ;
					//dc. SetPixel( x + 1, y + 1, RGB( 0, 0, 255) ) ;
					//dc. SetPixel( x + 1, y - 1, RGB( 0, 0, 255) ) ;
					//dc. SetPixel( x - 1, y, RGB( 0, 0, 255) ) ;
					//dc. SetPixel( x - 1, y + 1, RGB( 0, 0, 255) ) ;
					//dc. SetPixel( x - 1, y - 1, RGB( 0, 0, 255) ) ;
```

```
                        //dc. SetPixel( x, y + 1, RGB( 0, 0, 255) ) ;
                        //dc. SetPixel( x, y - 1, RGB( 0, 0, 255) ) ;

                        dc. SelectObject( penB) ;
                        dc. Ellipse( x - m_wndBIL. m_dCircleLength, y + m_wndBIL. m_dCir-
cleLength, x + m_wndBIL. m_dCircleLength, y - m_wndBIL. m_dCircleLength) ;
                        dc. SelectObject( pen) ;
                    }
                }
            }
        }
    }

    //pDC - > SelectObject( pPen) ;
    //m_pen. DeleteObject( ) ;
    //pPen = NULL;

    //delete pline;
}

//////////////////////////// Polygon ///////////////////////////////

else if( poGeometry ! = NULL
    && wkbFlatten( poGeometry - > getGeometryType( ) ) = = wkbPolygon)
{
    //AfxMessageBox( "Polygon") ;
    OGRPolygon * poPolygon = ( OGRPolygon * ) poGeometry;

    CGeoPolygon * pPolygon = new CGeoPolygon;
    int Num_interior = poPolygon - > getNumInteriorRings( ) ;

    //CString str2;
    //str2. Format( "% d \\n", Num_interior) ;
    //AfxMessageBox( str2) ;
```

```
if( Num_interior! =0)
{
    for( int inum =0; inum < Num_interior; inum + + )
    {
        OGRLinearRing * pOGRinteriorRing = poPolygon - > getInteriorRing( inum);
        int num = pOGRinteriorRing - > getNumPoints( );
        for( int k =0; k < num; k + + )
        {
            CGeoPoint pt;
            pt. x = pOGRinteriorRing - > getX( k);
            pt. y = pOGRinteriorRing - > getY( k);
            pt. z = pOGRinteriorRing - > getZ( k);

            //CString str1;
            //str1. Format( "内环点坐标为: %. 3f, %. 3f, %. 3f \\n", x, pt. y, pt. z);
            //AfxMessageBox( str1);
            pPolygon - > m_Points. Add( pt);
        }
    }
}
OGRLinearRing * pOGRLinearing = poPolygon - > getExteriorRing( );
int num_pt = pOGRLinearing - > getNumPoints( );

//补充一段代码,计算每个面的外环的 boundingbox
OGREnvelope * pz = new OGREnvelope;
pOGRLinearing - > getEnvelope( pz);
pPolygon - > m_Bound. bottom = floor( pz - > MinY);
pPolygon - > m_Bound. top = ceil( pz - > MaxY);
pPolygon - > m_Bound. left = floor( pz - > MinX);
pPolygon - > m_Bound. right = ceil( pz - > MaxX);
delete pz;

//pOGRLinearing - > getBoundary( );

//CString str3;
```

```
        //str3. Format("% d \\n", num_pt);
        //AfxMessageBox( str3);

        for( int j = 0; j < num_pt; j + + )
        {
            CGeoPoint pt;
            pt. x = pOGRLinearing - > getX( j);
            pt. y = pOGRLinearing - > getY( j);
            pt. z = pOGRLinearing - > getZ( j);

            //CString str4;
            //str4. Format("外环点坐标为: %. 3f, %. 3f, %. 3f \\n", x, pt. y, pt. z);
            //AfxMessageBox( str4);

            pPolygon - > m_Points. Add( pt);

            //pPolygon - > m_ExteriorRingPoints. Add( pt);

        }
        pLayer - > m_PolygonArray. Add( pPolygon);

        //delete pPolygon;

    }

    ///////////////////////////// MultiPoint /////////////////////////////

    else if( poGeometry ! = NULL
        && wkbFlatten( poGeometry - > getGeometryType( ) )  = = wkbMultiPoint)
    {
        OGRMultiPoint * poMultiPoint = ( OGRMultiPoint  * )  poGeometry;
        int pt_num = poMultiPoint - > getNumGeometries( );
        for ( int con = 0; con < pt_num; con + + )
        {
            OGRPoint *  tmpoint = ( OGRPoint * ) poMultiPoint - > getGeometryRef( con);
```

```
            CGeoPoint * tpoint = new CGeoPoint;
            tpoint - > x = tmpoint - > getX();
            tpoint - > y = tmpoint - > getY();
            tpoint - > z = tmpoint - > getZ();

            //CString str1;
            //str1. Format("多点中点坐标为: %. 3f, %. 3f, %. 3f \\n", tpoint - > x,
tpoint - > y, tpoint - > z);
            //AfxMessageBox(str1);

            pLayer - > m_MultiPointArray. Add(tpoint);

            //delete tpoint;
        }
    }

    ///////////////////////// MultiLineString //////////////////////////

    else if(poGeometry ! = NULL
        && wkbFlatten(poGeometry - > getGeometryType()) = = wkbMultiLineString)
    {
        //AfxMessageBox("MultiLine");
        OGRMultiLineString * poMultiLineString = (OGRMultiLineString *) poGeometry;
        int pline_num = poMultiLineString - > getNumGeometries();
        for (int con = 0; con < pline_num; con + +)
        {
            OGRLineString * tmpLineString = (OGRLineString *) (poMultiLineString - >
getGeometryRef(con));
            CGeoLine * pLine = new CGeoLine;
            unsigned int iNumPoints = tmpLineString - > getNumPoints();
            for(int con2 = 0; con2 < iNumPoints; con2 + +)
            {
                CGeoPoint tmPoint;
                tmPoint. x = tmpLineString - > getX(con2);
                tmPoint. y = tmpLineString - > getY(con2);
```

```
                tmPoint. z = tmpLineString - > getZ( con2) ;

                //CString str1;
                //str1. Format("线中各点坐标为: %. 3f, %. 3f, %. 3f \\n", tmPoint. x, tm-
Point. y, tmPoint. z) ;
                //AfxMessageBox( str1) ;

                pLine - > m_Points. Add( tmPoint) ;

            }
            pLayer - > m_MultiLineArray. Add( pLine) ;

            //delete pLine;
        }
    }
    ///////////////////////////// MultiPolygon /////////////////////////////

    else if( poGeometry ! = NULL
        && wkbFlatten( poGeometry - > getGeometryType( ) ) = = wkbMultiPolygon)
    {
        //AfxMessageBox( "MultiPolygon") ;
        OGRMultiPolygon * poMultiPolygon = ( OGRMultiPolygon * ) poGeometry;
        int polyon_num = poMultiPolygon - > getNumGeometries( ) ;

        //CString POLYNUM;
        //POLYNUM. Format( "多边形个数为: %d \\n", polyon_num) ;
        //AfxMessageBox( POLYNUM) ;

        for( int con = 0; con < polyon_num; con + + )
        {
            OGRPolygon * tmpPolygon = ( OGRPolygon * ) poMultiPolygon - > getGeome-
tryRef( con) ;
            CGeoPolygon * pPolygon = new CGeoPolygon;
            int Num_interior = tmpPolygon - > getNumInteriorRings( ) ;
```

```
//CString POLYNUM1;
//POLYNUM1. Format("多边形内环个数为: %d \\n", Num_interior);
//AfxMessageBox(POLYNUM1);

if(Num_interior! =0)
{
  for(int inum =0; inum < Num_interior; inum + +)
  {
    OGRLinearRing * pOGRinteriorRing = tmpPolygon - >getInteriorRing(inum);
    int num = pOGRinteriorRing - > getNumPoints();
    for(int k =0; k < num; k + +)
    {
      CGeoPoint pt;
      pt. x = pOGRinteriorRing - > getX(k);
      pt. y = pOGRinteriorRing - > getY(k);
      pt. z = pOGRinteriorRing - > getZ(k);

      //CString str1;
      //str1. Format("多边形内环中各点坐标为: %.3f, %.3f, %.3f \\n",
x, pt. y, pt. z);
      //AfxMessageBox(str1);

      pPolygon - > m_Points. Add(pt);
    }
  }
}
OGRLinearRing * pOGRLinearing = tmpPolygon - > getExteriorRing();
int num_pt = pOGRLinearing - > getNumPoints();

for(int j =0; j < num_pt; j + +)
{
  CGeoPoint pt;
  pt. x = pOGRLinearing - > getX(j);
  pt. y = pOGRLinearing - > getY(j);
  pt. z = pOGRLinearing - > getZ(j);
```

```
                //CString str2;
                //str2. Format("多边形外环中各点坐标为: %. 3f, %. 3f, %. 3f \\n",
x, pt. y, pt. z) ;
                //AfxMessageBox( str2) ;

                pPolygon - > m_Points. Add( pt) ;

            }
            pLayer - > m_MultiPolygonArray. Add( pPolygon) ;

            //delete pPolygon;
        }
    }
    else
    {
        printf( "no normal geometry \\n" ) ;
    }
    OGRFeature: : DestroyFeature(  poFeature ) ;
}

m_LayerArray. Add( pLayer) ;

//delete pLayer; //不能释放 pLayer 的内存, 后面的绘制函数, 构建索引函数, 最近
点线面的分析函数都是基于 pLayer 的

}

//ceil 取上整( 比原来的数大) , floor 取下整( 比原来的数小) , 可以对 MaxX 和 MaxY
取上整, 对 MinX 和 MinY 取下整, 就能保证所有的坐标都在范围内
//int right1 = ceil( pzRect - > MaxX) ;
//int right2 = floor( pzRect - > MaxX) ;
//int top1 = ceil( pzRect - > MaxY) ;
//int top2 = floor( pzRect - > MaxY) ;
//做如下修改
//m_rcBound. right = ceil( pzRect - > MaxX) ;
```

```
    //m_rcBound. top = ceil( pzRect - > MaxY) ;
    //m_rcBound. left = floor( pzRect - > MinX) ;
    //m_rcBound. bottom = floor( pzRect - > MinY) ;

    //delete pzRect;

    //m_rcBound_new. right = ( int) ( m_rcBound. right * 0. 1) ;
    //m_rcBound_new. top = ( int) ( m_rcBound. top * 0. 1) ;
    //m_rcBound_new. left = ( int) ( m_rcBound. left * 0. 1) ;
    //m_rcBound_new. bottom = ( int) ( m_rcBound. bottom * 0. 1) ;

    //m_xElem = ceil( ( float) ( m_rcBound. right - m_rcBound. left) /32) ;
    //m_yElem = ceil( ( float) ( m_rcBound. top - m_rcBound. bottom) /32) ;

    //OGRDataSource: : DestroyDataSource(  poDS ) ;

    //m_read = true;

    return true;
}
```

第 4 节　地形和矢量结合的优化部分

```
BOOL CDlgBILOPT: : ReadTile( CString strBILLoc)
{
    if( NULL  = =  m_fElevationData)
    {
        m_fElevationData = new float * [ m_nSamplesPerTile] ;
        for( int i = 0;  i < m_nSamplesPerTile;  i +  + )
        {
            m_fElevationData[ i]  = new float[ m_nSamplesPerTile] ;
        }
    }
    ReadFileItem( strBILLoc, m_fElevationData, 150, 150) ;
```

```
    return TRUE;
}

bool CDlgBILOPT: : ReadFileItem( CString strBILLoc, float * * ppFloatData, int ySize, int
xSize/ * , const char * datType * /)
{
    int strLen = strBILLoc. GetLength( ) ;
    char * buf = new char[ strLen * 2 + 1] ;
    strLen = : : WideCharToMultiByte( CP_ACP, 0, strBILLoc. GetBuffer( 0) , strLen, buf,
strLen * 2 + 1, NULL, NULL) ;
    buf[ strLen] = '\\0';
    char * pMaxTileData    = new char[ 128 * 1024] ;

    FILE * fpCache = NULL;
    fpCache = fopen( buf, "rb + ") ;
    if( fread( pMaxTileData, 1, 45000, fpCache) ! = 45000)
    {
      return FALSE;
    }
    fclose( fpCache) ;
    short * ps = ( short * ) pMaxTileData;

    double ava = 0 , low = 9999 , high = 0; int count = 0 ;
    for( int i = 0; i < ySize; i + + )
    {
      for( int j = 0; j < xSize; j + + )
      {
        count + + ;
        ppFloatData[ i] [ j] = * ps + + ;
        ava + = ppFloatData[ i] [ j] ;
        if( ppFloatData[ i] [ j]  < low) low = ppFloatData[ i] [ j] ;
        if( ppFloatData[ i] [ j]  > high) high = ppFloatData[ i] [ j] ;
      }
    }
    ava = ava/count;
```

```
    CString str = _T("");
    str. Format( _T("平均高度: %f, 最高值: %f, 最低值: %f. "), ava, high, low);
    double OpRate = Optimize( ppFloatData);
    CClientDC dc( ( (CMainFrame * ) this - > GetParent( ) ) - > GetActiveView( ) );
    CPen pen( PS_SOLID, 1, RGB(255, 0, 0) );
    dc. TextOutW(30, m_dTriLength * 150 + 35, str, str. GetLength( ) );
    str. Format( _T("优化率: %f. "), OpRate);
    dc. TextOutW(30, m_dTriLength * 150 + 55, str, str. GetLength( ) );
    //MessageBox( str);

    return TRUE;
}
double CDlgBILOPT: : Optimize( float * *  ppFloatData)
{
    CStdioFile file;
    file. Open( GetAppPath( ) + _T("ts. txt"), CFile: : modeCreate | CFile: : modeWrite);
    file. Seek( 0, CFile: : end);

    CClientDC dc( ( (CMainFrame * ) this - > GetParent( ) ) - > GetActiveView( ) );
    CPen pen( PS_SOLID, 1, RGB(0, 0, 0) );
    dc. SelectObject( &pen);

    //double tor = 0. 05f;
    int OpCount = 0;  int TriLength  = 6;
    for( int i = 0; i < 150 - 1; i + + )
    {
        CString res;
        for (int j = 0 ;  j  <  150 - 1 ;  j  + + )
        {
            int Condition = 0;
            //保留上三角形为 1, 保留下三角形为 2, 均保留为 3
            //T1
            if( i! = 0)
            {
                double a,  b,  c,  d;
```

```
        double x1, y1, z1, x2, y2, z2, x3, y3, z3, x4, y4, z4;
        x1 = i - 1; y1 = j + 1; z1 = ppFloatData[ i - 1] [ j + 1] ; x2 = i; y2 = j; z2 = ppFloatData[ i] [ j] ; x3 = i; y3 = j + 1; z3 = ppFloatData[ i] [ j + 1] ; x4 = i + 1; y4 = j; z4 = ppFloatData[ i + 1] [ j] ;
        a = y1 * z2 - y1 * z3 - y2 * z1 + y2 * z3 + y3 * z1 - y3 * z2; b = - x1 * z2 + x1 * z3 + x2 * z1 - x2 * z3 - x3 * z1 + x3 * z2; c = x1 * y2 - x1 * y3 - x2 * y1 + x2 * y3 + x3 * y1 - x3 * y2; d = - x1 * y2 * z3 + x1 * y3 * z2 + x2 * y1 * z3 - x2 * y3 * z1 - x3 * y1 * z2 + x3 * y2 * z1;
        //计算点到平面距离 = |aX + bY + cZ + d|/√(a² + b² + c²)
        double dis = abs( a * x4 + b * y4 + c * z4 + d) / sqrt( a * a + b * b + c * c) ;
        CString str;  str. Format( _T( "%f \\n") , dis) ;  //MessageBox( str) ;
        if( dis < m_dTor)
        {
          OpCount + + ;
        }
        else
        {
          dc. MoveTo( 30 + i * m_dTriLength , 30 + j * m_dTriLength) ;
          dc. LineTo( 30 + i * m_dTriLength , 30 + j * m_dTriLength  + m_dTriLength - 1) ;
          dc. MoveTo( 30 + i * m_dTriLength , 30 + j * m_dTriLength  + m_dTriLength - 1) ;
          dc. LineTo( 30 + i * m_dTriLength + m_dTriLength - 1 , 30 + j * m_dTriLength) ;
          dc. MoveTo( 30 + i * m_dTriLength + m_dTriLength - 1 , 30 + j * m_dTriLength) ;
          dc. LineTo( 30 + i * m_dTriLength , 30 + j * m_dTriLength) ;
          Condition  + = 1;
        }
      }
      else
      {
        //第一块三角形
        dc. MoveTo( 30 + i * m_dTriLength , 30 + j * m_dTriLength) ;
        dc. LineTo( 30 + i * m_dTriLength , 30 + j * m_dTriLength  + m_dTriLength - 1) ;
        dc. MoveTo( 30 + i * m_dTriLength , 30 + j * m_dTriLength  + m_dTriLength - 1) ;
        dc. LineTo( 30 + i * m_dTriLength + m_dTriLength - 1  , 30 + j * m_dTriLength) ;
        dc. MoveTo( 30 + i * m_dTriLength + m_dTriLength - 1  , 30 + j * m_dTriLength) ;
        dc. LineTo( 30 + i * m_dTriLength , 30 + j * m_dTriLength) ;
```

```
      Condition += 1;
    }
    //T2
    double a, b, c, d;
    double x1, y1, z1, x2, y2, z2, x3, y3, z3, x4, y4, z4;
    x1 = i; y1 = j; z1 = ppFloatData[i][j]; x2 = i + 1; y2 = j; z2 = ppFloatData[i + 1][j]; x3
= i; y3 = j + 1; z3 = ppFloatData[i][j + 1]; x4 = i + 1; y4 = j + 1; z4 = ppFloatData[i + 1][j + 1];
    a = y1 * z2 - y1 * z3 - y2 * z1 + y2 * z3 + y3 * z1 - y3 * z2; b = - x1 * z2 + x1 * z3
+ x2 * z1 - x2 * z3 - x3 * z1 + x3 * z2; c = x1 * y2 - x1 * y3 - x2 * y1 + x2 * y3 + x3 * y1 -
x3 * y2; d = - x1 * y2 * z3 + x1 * y3 * z2 + x2 * y1 * z3 - x2 * y3 * z1 - x3 * y1 * z2 + x3 *
y2 * z1;
    //计算点到平面距离 = |aX + bY + cZ + d|/√(a² + b² + c²)
    double dis = abs(a * x4 + b * y4 + c * z4 + d)/sqrt(a * a + b * b + c * c);
    CString str; str.Format(_T("%f \\n"), dis); //MessageBox(str);
    if(dis < m_dTor)
    {
      OpCount++;
    }
    else
      {
        dc.MoveTo(30 + i * m_dTriLength + m_dTriLength - 1, 30 + j * m_dTriLength);
        dc.LineTo(30 + i * m_dTriLength + m_dTriLength - 1, 30 + j * m_dTriLength
+ m_dTriLength - 1);
        dc.MoveTo(30 + i * m_dTriLength + m_dTriLength - 1, 30 + j * m_dTriLength
+ m_dTriLength - 1);
        dc.LineTo(30 + i * m_dTriLength, 30 + j * m_dTriLength + m_dTriLength - 1);
        dc.MoveTo(30 + i * m_dTriLength, 30 + j * m_dTriLength + m_dTriLength - 1);
        dc.LineTo(30 + i * m_dTriLength + m_dTriLength - 1, 30 + j * m_dTriLength);
        Condition += 2;
      }
    CString strCondition; strCondition.Format(_T("%d"), Condition);
    res += strCondition;
    m_Conditions[i][j] = Condition;
  }
  res += _T("\\n");
```

```
        file. WriteString( res );
        res = _T("");
    }
        file. Close();

        //平面方程 A(x1, y1, z1)、B(x2, y2, z2)、C(x3, y3, z3) aX + bY + cZ + d = 0 a = y1z2 - y1z3 - y2z1 + y2z3 + y3z1 - y3z2, b = - x1z2 + x1z3 + x2z1 - x2z3 - x3z1 + x3z2, c = x1y2 - x1y3 - x2y1 + x2y3 + x3y1 - x3y2, d = - x1y2z3 + x1y3z2 + x2y1z3 - x2y3z1 - x3y1z2 + x3y2z1
        //第一个三角形 ppFloatData[0][1] ppFloatData[0][2] ppFloatData[1][0];
        //坐标 A(0,0, ppFloatData[0][0]) B(0,1, ppFloatData[0][1]) C(1,0, ppFloatData[1][0]) D(1,1, ppFloatData[1][1])
        //double a, b, c, d;
        //double x1, y1, z1, x2, y2, z2, x3, y3, z3, x4, y4, z4;

        //x1 =0; y1 =0; z1 = ppFloatData[0][0]; x2 =0; y2 = 1; z2 = ppFloatData[0][1]; x3 = 1; y3 =0; z3 = ppFloatData[1][0]; x4 = 1; y4 = 1; z4 = ppFloatData[1][1];
        //a = y1 * z2 - y1 * z3 - y2 * z1 + y2 * z3 + y3 * z1 - y3 * z2; b = - x1 * z2 + x1 * z3 + x2 * z1 - x2 * z3 - x3 * z1 + x3 * z2; c = x1 * y2 - x1 * y3 - x2 * y1 + x2 * y3 + x3 * y1 - x3 * y2; d = - x1 * y2 * z3 + x1 * y3 * z2 + x2 * y1 * z3 - x2 * y3 * z1 - x3 * y1 * z2 + x3 * y2 * z1;
        ////计算点到平面距离 = |aX + bY + cZ + d|/√(a^2 + b^2 + c^2)
        //double dis = abs(a * x4 + b * y4 + c * z4 + d)/sqrt(a * a + b * b + c * c);
        //CString str; str. Format(_T("%f"), dis); MessageBox(str);

    //CRect DrawLine;
    //GetDlgItem(IDC_PIC) - > GetWindowRect(&DrawLine);

    double OpRate = OpCount * 100/(150. 0f * 150. 0f * 2. 0f);
    return OpRate;
}

CString CDlgBILOPT: : GetAppPath()
{
    TCHAR exePath[MAX_PATH] = {'\\0'};
```

```
    CString strdir, tmpdir;
    GetModuleFileName( AfxGetInstanceHandle( ), exePath, MAX_PATH);
    tmpdir = exePath;
    strdir = tmpdir. Left( tmpdir. ReverseFind( '\\') +1 );
    /* strdir = strdir. Left( strdir. ReverseFind( '\\'));
    strdir = strdir. Left( strdir. ReverseFind( '\\') +1); */
    return strdir;
}

CString * CDlgBILOPT: : SplitString( CString str, char split, int& iSubStrs)
{
    int iPos =0;   //分割符位置
    int iNums =0;   //分割符的总数
    CString strTemp = str;
    CString strRight;   //先计算子字符串的数量
    while ( iPos ! =  -1)
    {
      iPos = strTemp. Find( split);
      if ( iPos  = =  -1)
      {
        break;
      }
      strRight = strTemp. Mid( iPos +1, str. GetLength( ));
      strTemp = strRight;
      iNums + +;
    }
    if ( iNums  = =  0) //没有找到分割符
    {
      //子字符串数就是字符串本身
      iSubStrs =1;
      return NULL;
    }  //子字符串数组
    iSubStrs = iNums +1; //子字符串的数量 = 分割符数量 +1
    CString *  pStrSplit;
    pStrSplit = new CString[ iSubStrs];
```

```
    strTemp = str;    CString strLeft;
    for (int i =0; i < iNums; i + +)
    {
      iPos = strTemp. Find( split) ;       //左子字符串
      strLeft = strTemp. Left( iPos) ;       //右子字符串
      strRight = strTemp. Mid( iPos +1, strTemp. GetLength( ) ) ;
      strTemp = strRight;
      pStrSplit[ i] = strLeft;
    }
    pStrSplit[ iNums] = strTemp;
    return pStrSplit;
}
```

参考文献

［1］涂超. ROAM 算法原理及其应用研究［J］. 辽宁工程技术大学学报，2003，22（2）：176－179.

［2］李融，郑文庭. 三维地形高质量实时矢量叠加绘制［J］. 计算机辅助设计与图形学学报，2011，23（7）：1106－1114.

［3］刘昭华，杨靖宇，戴晨光. 矢量数据在三维场景中的绘制［J］. 金属矿山，2008（6）：94－96.

［4］邹烷，方金云，刘金刚. 混合多分辨率地形与空间矢量数据的可视化研究［J］. 系统仿真学报，2006，18（1）：324－325.

［5］袁文，程承旗，马蔼乃，等. 球面三角区域四叉树 L 空间填充曲线［J］. 中国科学 E 辑：工程科学、材料科学，2004，34（5）：584－600.

［6］康来，瞿师，杨冰，等. 大规模 GIS 数据三维可视化系统设计与实现［J］. 系统仿真学报，2009，21（1）：166－169.

［7］朱庆，田一翔，张叶廷. 从规则格网 DEM 自动提取汇水区域及其子区域的方法［J］. 测绘学报，2005，34（2）：129－133.

［8］张维，杨昕，汤国安，等. 基于 DEM 的平缓地区水系提取和流域分割的流向算法分析［J］. 测绘科学，2012，37（2）：94－96.

［9］赵春燕，王国华. 基于图论的树状河系 Horton 码自动建立［J］. 地理与地理信息科学，2006，22（1）：44－47.

［10］谭笑，武芳，黄琦，等. 主流识别的多准则决策模型及其在河系结构化中的应用［J］. 测绘学报，2005，34（2）：154－160.

［11］龙毅，曹阳，沈婕，等. 基于约束 D-TIN 的高等线簇与河网协同综合方法［J］. 测绘学报，2011，40（3）：379－385.

［12］杜清运. 地图数据库中的结构化河网及其自动建立［J］. 武汉测绘科技大学学报，1988，13（2）：70－77.

［13］杨敏，艾廷华，刘鹏程，等. 等高线与水网数据集成中的匹配及一致性改正［J］. 测绘学报，2012，41（1）：152－158.

［14］翟仁健，薛本新. 面向自动综合的河系结构化模型研究［J］. 测绘科学技术学报，2007，24（4）：294－298.

［15］张青年. 顾忌密度差异的河系简化［J］. 测绘学报，2006，35（2）：191－196.

[16] 李彦. 三维球面环境下的动态道路建模算法研究 [D]. 武汉：武汉大学，2011.

[17] 杨梅. 大规模矢量数据分块调度策略的设计与实现 [D]. 武汉：武汉大学，2011.

[18] 邹强. 异面虚拟地球中影像数据集成方法研究 [D]. 武汉：武汉大学，2009.

[19] 曾俊钢. 三维矢量图形的切割算法研究与实现 [D]. 长沙：中南大学，2008.

[20] 李冬梅. 三维 GIS 中的矢栅一体化技术的研究与设计 [D]. 沈阳：沈阳工业大学，2007.

[21] 王姣姣. 基于球面 DQG 的地形与矢量数据自适应集成建模 [D]. 徐州：中国矿业大学，2013.

[22] 张尧. 等高线实时可视化自动综合研究 [D]. 武汉，武汉大学，2011.

[23] 翟仁健. 基于遗传多目标优化的线状水系要素自动选取研究 [D]. 武汉：武汉大学，2006.

[24] 陈琼安. 越南居民地自动无级制图综合研究 [D]. 武汉：武汉大学，2014.

[25] 龚健雅. 地理信息系统基础 [M]. 北京：科学出版社，2001.

[26] 李建松. 地理信息系统原理 [M]. 武汉：武汉大学出版社，2006.

[27] 祝国瑞. 地图学 [M]. 武汉：武汉大学出版社，2003.

[28] 孙家抦. 遥感原理与应用 [M]. 武汉：武汉大学出版社，2003.

[29] 祝国瑞，郭礼珍，尹贡白，等. 地图设计与编绘 [M]. 武汉：武汉大学出版社，2001.

[30] 史建国，高晓光，李相民. “预先”进化遗传算法研究 [J]. 宇航学报，2005，26 (2)：168－173.

[31] 李欢，樊红，冯浩. 3D GIS 环境下雨雪天气实时仿真 [J]. 中国图象图形学报，2012，17 (12)：1548－1553.

[32] 苏科华，朱欣焰，龚健雅. GIS 符号的跨平台通用技术研究 [J]. 武汉大学学报：信息科学版，2009，34 (5)：611－614.

[33] 解智强，杜清运，高忠，等. GIS 与模型技术在城市排水管线承载力评价中的应用 [J]. 测绘通报，2011 (12)：50－53.

[34] 刘昭华，杨玉霞，马大喜，等. 半全局匹配算法的多基线扩展及 GPU 并行处理方法 [J]. 测绘科学，2014，39 (11)：99－103.

[35] 武芳，王家耀，钱海忠. 测绘综合信息保障系统的设计与实现 [J]. 黑龙江工程学院学报，2001，15 (4)：21－23.

[36] 孔凡敏，苏科华，朱欣焰. 城市网格化管理系统框架研究 [J]. 地理空间信息，2008，6 (4)：28－31.

[37] 樊红，Tran Quynh An. 大比例尺居民地面状要素的自动无级综合 [J]. 武

汉大学学报：工学版，2014，47（2）：271－275.

［38］康来．大规模GIS数据三维可视化关键技术研究［D］．长沙：国防科学技术大学，2008.

［39］巩现勇，武芳，姬存伟，等．道路网匹配的蚁群算法求解模型［J］．武汉大学学报：信息科学版，2014，39（2）：191－195.

［40］杜世宏，王桥，杜道生，等．地名注记自动配置的关键技术研究［J］．地理与地理信息科学，2003，19（1）：20－24.

［41］樊红，张祖勋，杜道生．地图注记质量评价模型的研究［J］．测绘学报，2004，33（4）：362－366.

［42］武芳，王家耀．地图自动综合概念框架分析与研究［J］．测绘工程，2002，11（2）：18－20.

［43］韩李涛．地下空间三维数据模型分析与设计［J］．计算机工程与应用，2005，41（32）：1－3.

［44］马霁，陈化然，何宇飞，等．地震三维灾情影像图生成技术系统研究［J］．国际地震动态，2010（1）：25－30.

［45］杨冰，康来，吴玲达，等．多分辨率GIS矢量数据模型构建与三维显示方法研究［J］．计算机工程与科学，2008，30（9）：37－40.

［46］赵安元，任杰，刘东权．二维和三维矢量场的可视化［J］．计算机应用研究，2011，28（4）：1592－1597.

［47］曹雪峰．复杂体目标之间三维拓扑关系描述模型［J］．地理与地理信息科学，2013，29（1）：12－16.

［48］姜新利，李宗民．改进的用于三维矢量场可视化的VolumeLIC算法［J］．计算机工程与应用，2010，46（8）：167－169.

［49］武芳，谭笑，王辉连，等．顾及网络特征的复杂人工河网的自动选取［J］．中国图象图形学报，2007，12（6）：1103－1109.

［50］侯云花．河流自动综合技术研究与软件开发［D］．昆明：昆明理工大学，2008.

［51］艾廷华，刘耀林，黄亚锋．河网汇水区域的层次化剖分与地图综合［J］．测绘学报，2007，36（2）：231－236.

［52］艾自兴，毋河海，艾廷华，等．河网自动综合中Delaunay三角的应用［J］．地球信息科学，2003，5（2）：39－42.

［53］邓红艳，武芳，翟仁健，等．一种用于空间数据多尺度表达的R树索引结构［J］．计算机学报，2009，32（1）：177－184.

［54］宋仁波．基于ArcGIS和Google SketchUp的三维地质剖面绘制方法［J］．测绘地理信息，2013，38（2）：49－50.

[55] 肖立．基于 CCGIS 三维城市景观模型建模 [J]．武汉科技大学学报：自然科学版，2006，29 (4)：410－411.

[56] 张尧，樊红，黄旺．基于 Delaunay 三角网的等高线树生成方法 [J]．测绘学报，2012，41 (3)：461－467.

[57] 程芳，沈怀荣．基于 DEM 的三维抛物方程边界场改进算法 [J]．装备指挥技术学院学报，2011，22 (1)：83－87.

[58] 农宇，杜清运．基于 Geodatabase 的城市地下综合管线数据库设计 [J]．测绘信息与工程，2010，35 (6)：36－38.

[59] 崔阳，王华．基于 GIS 的城市地下管线数据结构设计 [J]．计算机工程与应用，2005，41 (36)：230－232.

[60] 李铭，朱欣焰，李德仁．基于 IPv6 的地球空间信息服务网络平台的设计与实现 [J]．广西大学学报：自然科学版，2011，36 (s1)：343－348.

[61] 苏科华，朱欣焰，孔凡敏．基于 Javascript 的 GIS 符号化技术研究 [J]．微计算机信息，2009 (4)：171－172.

[62] 刘勇，刘宝坤，李光泉．基于 MATLAB 平台的遗传算法工具包 [J]．天津大学学报，2001，34 (4)：490－494.

[63] 刘学军，王永君，任政，等．基于不规则三角网的河网提取算法 [J]．水利学报，2008，39 (1)：27－34.

[64] 袁文，庄大方，袁武，等．基于等角比例投影的球面三角四叉树剖分模型 [J]．遥感学报，2009，13 (1)：103－111.

[65] 曹雪峰．基于地理信息网格的矢量数据组织管理和三维可视化技术研究 [D]．郑州：解放军信息工程大学，2009.

[66] 高婷，鲁汉榕，乐艳丽，等．基于递阶和小生境的离散分段遗传算法 [J]．计算机工程与设计，2007，28 (11)：2646－2648.

[67] 邹广黔，李静，吴孔江．基于多比例尺地图数据的线状要素综合方法 [J]．测绘地理信息，2014，39 (4)：62－64.

[68] 邓红艳，武芳，翟仁健，等．基于多维约束空间的自动制图综合质量评估模型 [J]．中国矿业大学学报，2006，35 (5)：667－672.

[69] 陈春华，林雁．基于改进型遗传算法的智能组卷研究 [J]．内江科技，2005 (4)：56－57.

[70] 熊汉江，江宇，黄先锋，等．基于机载 LiDAR 的多面片建筑物三维重建方法研究 [J]．地理信息世界，2010，8 (1)：31－35.

[71] 郎兵，方金云，韩承德，等．基于流式渐进传输的大规模网络地形实时漫游 [J]．系统仿真学报，2010，22 (2)：429－434.

[72] 刘昭华，杨靖宇，戴晨光．基于模板阴影体算法的矢量数据在三维场景中

的绘制［J］．测绘工程，2009，18（1）：38－41.

［73］王勇，薛胜，潘懋，等．基于剖面拓扑的三维矢量数据自动生成算法研究［J］．计算机工程与应用，2003，39（5）：1－2.

［74］康来，吴玲达，宋汉辰，等．基于投影网格的全球多分辨率地形绘制［J］．计算机工程，2009，35（8）：230－232.

［75］张子刚，吴婧．基于图论河系树的河网综合［J］．兰州工业高等专科学校学报，2011，18（6）：17－20.

［76］冯浩，樊红，李双青．基于网格技术的西部测图空间信息共享服务平台的研究［J］．测绘信息与工程，2010，35（4）：22－25.

［77］陈静，向隆刚，龚健雅．基于虚拟地球的网络地理信息集成共享服务方法［J］．中国科学：地球科学，2013（11）：1770－1780.

［78］吕宏伟，杜清运，任福．基于要素服务的地图在线编辑系统设计与实现［J］．地理信息世界，2014（4）：49－53.

［79］翟仁健，武芳，邓红艳，等．基于遗传多目标优化的河流自动选取模型［J］．中国矿业大学学报，2006，35（3）：403－408.

［80］翟仁健．基于遗传多目标优化的线状水系要素自动选取研究［D］．郑州：解放军信息工程大学，2006.

［81］樊红，刘开军，张祖勋．基于遗传算法的点状要素注记的整体最优配置［J］．武汉大学学报：信息科学版，2002，27（6）：560－565.

［82］朱合华，刘学增．基于遗传算法的混合优化反分析及比较研究［J］．岩石力学与工程学报，2003，22（2）：197－202.

［83］王家耀，邓红艳．基于遗传算法的制图综合模型研究［J］．武汉大学学报：信息科学版，2005，30（7）：565－569.

［84］明涛，庄大方，袁文，等．几种离散格网模型的几何稳定性分析［J］．地球信息科学，2007，9（4）：40－43.

［85］胡小兵．建立三维矢量数据模型拓扑关系的关键算法［J］．湖南大学学报：自然科学版，2003，30（3）：24－26.

［86］龚健雅，陈静，向隆刚，等．开放式虚拟地球集成共享平台 GeoGlobe［J］．测绘学报，2010，39（6）：551－553.

［87］袁文，庄大方，袁武，等．离散三角网格系统距离量测方法［J］．测绘学报，2011，40（1）：59－65.

［88］杨靖宇，戴晨光，张永生．利用模板阴影体算法实现矢量数据在三维场景中的绘制［J］．海洋测绘，2008，28（6）：40－42.

［89］陈静，吴思，谢秉雄．面向 GPU 绘制的复杂三维模型可视化方法［J］．武汉大学学报：信息科学版，2014，39（1）：106－111.

[90] 向隆刚，吴涛，龚健雅．面向地理空间信息的轨迹模型及时空模式查询[J]．测绘学报，2014，43（9）：982－988.

[91] 孙敏，唐小明，赵仁亮．面向对象的三维矢量 GIS 数据模型及拓扑关系的建立［J］．测绘通报，1998（7）：11－14.

[92] 康来，赵健，宋汉辰，等．面向二维 GIS 矢量数据三维可视化的地形匹配技术研究［J］．计算机科学，2009，36（11）：262－265.

[93] 龚健雅，王艳东，王密，等．面向数字地球的地理信息系统的设计与实现[J]．武汉大学学报：工学版，2001，34（6）：52－59.

[94] 邓红艳，武芳，翟仁健，等．面向制图综合质量控制的数据模型：DFQR 树[J]．测绘学报，2007，36（2）：237－243.

[95] 赵东保，盛业华．全局寻优的矢量道路网自动匹配方法研究［J］．测绘学报，2010，39（4）：416－421.

[96] 陈静，陈帆飞，周强．全球地形数据多尺度晕渲及服务研究［J］．测绘通报，2011（7）：27－29.

[97] 熊汉江，罗炜，王伟．三维 GIS 中大规模地形数据的动态调度方法［J］．测绘信息与工程，2006，31（3）：12－14.

[98] 冯浩，樊红．三维城市规划中的三维模型三角网格自动消隐和分割技术[J]．武汉大学学报：工学版，2014，47（3）：399－406.

[99] 张山山，刘文熙．三维地理信息系统矢量数据组织［J］．西南交通大学学报，2000，35（5）：505－508.

[100] 曹雪峰，万刚，李锋，等．三维地形环境中矢量地图实时符号化显示技术[J]．系统仿真学报，2013（s1）：253－257.

[101] 张俊安，杨钦，李吉刚．三维构造矢量模型的栅格表示方法及应用［J］．图学学报，2008，29（5）：62－66.

[102] 曹雪峰，万刚，李科，等．三维交互场景中基于图像的实时阴影渲染与反走样技术［J］．系统仿真学报，2008（s1）：4－7.

[103] 韩涛．三维矢量场的可视化［J］．煤炭技术，2004，23（10）：92－93.

[104] 王智圣．三维矢量的复指数形式坐标变换及其应用［J］．机械设计，1998（6）：10－12.

[105] 路明月，盛业华，邱新法．三维矢量构模及其数据集成组织框架研究［J］．武汉大学学报：信息科学版，2010，35（2）：138－142.

[106] 李青元．三维矢量结构 GIS 拓扑关系及其动态建立［J］．测绘学报，1997（3）：235－240.

[107] 郭德伟．三维矢量数据结构在采矿中的应用［J］．中国新技术新产品，2011（1）：1－1.

[108] 王海涛，刘海砚，孙广宇，等．三维矢量数据在 EV-Globe 中的绘制方法 [J]．地理空间信息，2011，9 (2)：106－108.

[109] 王伟，熊汉江，杜道生．三维输电线路地理信息系统地形视景数据库研究 [J]．测绘信息与工程，2005，30 (3)：18－20.

[110] 陈静，袁思佳，曾方敏．三维虚拟地球中有源洪水淹没分析算法 [J]．武汉大学学报：信息科学版，2014，39 (4)：492－495.

[111] 陈郁．三种遗传算法的改进方法与研究 [J]．计算机光盘软件与应用，2014 (7)：116－118.

[112] 唐飞，滕弘飞，孙治国，等．十进制编码遗传算法的模式定理研究 [J]．小型微型计算机系统，2000，21 (4)：346－367.

[113] 武芳．数字河流数据的自动综合 [J]．解放军测绘学院学报，1994 (1)：38－42.

[114] 艾廷华，禹文豪．水流扩展思想的网络空间 Voronoi 图生成 [J]．测绘学报，2013，42 (5)：760－766.

[115] 杨超，徐江斌，赵健，等．虚拟战场环境中大尺度矢量数据实时绘制研究 [J]．系统仿真学报，2008，20 (9)：47－49.

[116] 李刚，张军，蒋涛．一种 DEM 与 2D 数据集成的方法 [J]．遥感信息，2004 (1)：42－45.

[117] 张尧，樊红，李玉娥．一种基于等高线的地形特征线提取方法 [J]．测绘学报，2013，42 (4)：574－580.

[118] 黄亮，谭娟，朱欣焰，等．一种空间数据服务虚拟化描述方法 [J]．计算机应用研究，2013，30 (11)：3358－3361.

[119] 王鹏波，武芳，翟仁健．一种用于道路网综合的拓扑处理方法 [J]．测绘科学技术学报，2009，26 (1)：64－68.

[120] 水勇．遗传算法的研究与应用 [J]．软件，2014 (3)：107－107.

[121] 熊志辉，李思昆，陈吉华．遗传算法与蚂蚁算法动态融合的软硬件划分 [J]．软件学报，2005，16 (4)：503－512.

[122] 杨国军，崔平远，李琳琳．遗传算法在神经网络控制中的应用与实现 [J]．系统仿真学报，2001，13 (5)：567－570.

[123] 马文强，杜子平，李东坡．遗传算法在制造系统生产调度中的应用 [J]．商业经济，2012 (6)：33－34.

[124] 邵丽丽．蚁群优化自适应遗传算法物流车辆调度实现 [J]．计算机测量与控制，2012，20 (5)：274－276.

[125] 张磊，程朋根，陈静，等．异构在线地图数据集成研究 [J]．测绘通报，2011 (8)：29－31.

[126] 任福，杜清运．智慧城市语境下在线专题制图模式［J］．测绘科学，2014，39（8）：50－52.

[127] 武芳，钱海忠．自动综合算子分析及算法库的建立［J］．测绘学院学报，2002，19（1）：50－52.

[128] 曹大岭．基于 WebGIS 的自然保护区信息管理系统设计与实现［D］．北京：中国地质大学，2011.

[129] 陈志荣．移动空间信息网格服务模型研究及实现方法［D］．杭州：浙江大学，2008.

[130] 丁海燕．三防决策支持系统中空间索引结构与空间查询算法研究［D］．郑州：河南大学，2010.

[131] 杜海燕．DEM 在公路勘察设计中的应用研究［D］．西安：长安大学，2008.

[132] 葛磊．三维建筑化简算法研究［D］．郑州：解放军信息工程大学，2007.

[133] 宫晓峰．基于 OpenGL 的三维 GIS 地形可视化技术的研究与实现［D］．北京：北京邮电大学，2009.

[134] 郭保军，吴琼，赵娜．适合教育应用的云服务集萃［J］．软件导刊·教育技术，2010，9（8）：84－86.

[135] 郭康平．基于 GLScene 的矿井三维可视化系统的设计与实现［D］．大连：大连理工大学，2009.

[136] 郭明武．工程化数字地貌自动晕渲系统的设计与实现［D］．武汉：武汉大学，2005.

[137] 侯波．真实感三维地形造型及可视化［D］．成都：电子科技大学，2005.

[138] 胡斌．海量空间数据可视化引擎的研究与实现［D］．北京：北京航空航天大学，2010.

[139] 胡其．二维矢量数据与三维地形融合技术的研究［D］．杭州：浙江工业大学，2009.

[140] 胡圣武．地图比例尺的基本理论的研究［M］．南京：测绘出版社，2008.

[141] 胡之武．基于 GIS 电网运行数据可视化的方法与研究［D］．杭州：浙江大学，2005.

[142] 黄杰．资源外包、组织结构变革与管理会计的发展［D］．南京：南京财经大学，2008.

[143] 贾建科．基于 GIS 的战场传感信息可视化研究［D］．西安：西北工业大学，2006.

[144] 解斐斐．UAV 城市高质量 DOM 制作方法研究［D］．青岛：山东科技大学，2010.

[145] 雷鸣，侯红松，李双喜，等．谈驻马店市中心城区 1：5000 数字化地形图

编绘［J］．大众科技，2007（4）：99－100.

［146］李建微．面向林火蔓延的虚拟地理环境构建技术研究［D］．福州：福州大学，2005.

［147］李琳．一种基于多级网格和改进 QR－树的混合索引［D］．焦作：河南理工大学，2010.

［148］李晓玲，王旭，费立凡．基于扩展分维模型的地图曲线自动综合研究［J］．同煤科技，2005（1）：25－27.

［149］李亚斌．大规模三维地形可视化系统的研究［D］．大连：大连海事大学，2004.

［150］李杨．基于最小边界圆和最小包围扇形的空间索引方法［D］．哈尔滨：哈尔滨理工大学，2009.

［151］李晔，谢琦．适合于配电网 GIS 系统的空间索引研究［J］．河南科学，2005，23（2）：292－295.

［152］李一明，李毅，周明天．分支定界算法的分布并行化研究［J］．计算机应用，2006，26（3）：723－726.

［153］梁浩，吴敏君．两类典型 GIS 空间索引技术的分析与评价［J］．安阳工学院学报，2006（2）：51－55.

［154］刘明亮．GIS 技术在农用地分等汇总中的应用［C］．中国土地学会学术年会，佛山，2005.

［155］刘生礼，唐敏，董金祥．两种空间约束求解算法［J］．计算机辅助设计与图形学学报，2003，15（8）：1021－1029.

［156］刘彦宾．基于 GIS 的重大危险源空间数据库技术研究［D］．贵阳：贵州大学，2007.

［157］刘艳丰．基于 kd-tree 的点云数据空间管理理论与方法［D］．长沙：中南大学，2009.

［158］马俊．空间自适应动态平衡 QER－树的设计与实现［D］．兰州：兰州大学，2007.

［159］宁宁．软件可靠性模型及其参数估计［D］．成都：电子科技大学，2008.

［160］欧阳剑波．规则格网 DEM 质量检测及可视化应用系统的研究［D］．昆明：昆明理工大学，2008.

［161］彭艳斌，艾解清．基于相关向量机的协商决策模型［J］．南京理工大学学报，2012，36（4）：600－605.

［162］王宝祥．基于改进聚类的 HilbertR 树空间索引算法研究［D］．郑州：河南大学，2011.

［163］王凤领，张剑飞，邢婷．基于三维 GIS 的公路景观评价系统的研究［J］．

微计算机信息，2012（10）：270－272.

［164］王皓．基于世界地下水资源图亚洲部分的跨界含水层研究［D］．北京：中国地质大学，2007.

［165］王建坡．三维实体模型相关技术研究［D］．郑州：解放军信息工程大学，2011.

［166］王姣姣．矢量数据三维可视化研究进展［J］．广东农业科学，2013，40（8）：183－188.

［167］王姣姣．矢量线与球面 DQG 地形集成的几何叠加算法［J］．辽宁工程技术大学学报：自然科学版，2013，32（10）：1399－1405.

［168］王世海．独立分量分析方法及其在红外图像处理上的应用［D］．成都：西南交通大学，2008.

［169］王英华．虚拟森林环境的可视化计算机仿真方法初探［D］．南京：南京林业大学，2010.

［170］王友昆．等高线自动综合算法研究与实现［D］．昆明：昆明理工大学，2008.

［171］王远志，孙立镌．基于遗传模拟退火算法约束求解算法［J］．哈尔滨理工大学学报，2005，10（2）：26－30.

［172］吴敏君．GIS 空间索引技术的研究［D］．镇江：江苏大学，2006.

［173］吴艳兰．地貌三维综合的地图代数模型和方法研究［D］．武汉：武汉大学，2004.

［174］吴玉清．地图制图中地貌晕渲实现技术的研究［D］．北京：中国测绘科学研究院，2010.

［175］夏凯．主流空间数据库引擎技术分析和优化方法研究［D］．杭州：浙江大学，2005.

［176］肖田，林婷，徐容乐．数字地图自动综合技术在国家 1：50 000 地形要素数据缩编更新中的应用［C］．华东六省一市测绘学会第十次学术交流会，南京，2007.

［177］谢亮．三维 GIS 的应用研究：德阳交通战略信息系统的设计与实现［D］．南充：西南石油大学，2006.

［178］颜伟琼．基于 VR-GIS 的水资源调配预案实时仿真［D］．南京：河海大学，2006.

［179］叶寅．基于苍穹 GIS 的农业信息系统研制［D］．合肥：安徽农业大学，2011.

［180］尹东彬．MapPW 数字成图管理信息系统（网络版）的研究与实现［D］．长春：吉林大学，2005.

［181］袁尤军．基于矢量数据的渠系模型自动生成算法研究［D］．武汉：华中科技大学，2007.

［182］张传信，朱体高，胡圣武．地图比例尺基本理论的研究［J］．地理空间信息，2009，7（1）：131－134.

［183］张凤荔．移动对象数据智能处理模型研究［D］．成都：电子科技大学，2007.

［184］赵曦．地图集的设计与编制研究：以《陕西省地图集》为例［D］．西安：长安大学，2011.

［185］赵瑜．土地调查数据库中海量遥感影像数据的组织管理模式研究［D］．长春：吉林大学，2009.

［186］郑坤，朱良峰，吴信才，等．3D GIS空间索引技术研究［J］．地理与地理信息科学，2006，22（4）：35－39.

［187］郑莹．铁路轨道数码影像的纠正与拼接［D］．成都：西南交通大学，2008.

［188］邹烷．基于数字高程模型的矢量数据可视化研究［D］．北京：首都师范大学，2006.

［189］Oliver K, Juergen D. Interactive 3D visualization of vector data in GIS［C］. Acm International Symposium on Advances in Geographic Information Systems, New York, 2002: 107－112.

［190］Reinhard M, Bernhard N, Christian F. Qualitative spatial reasoning about relative position the tradeoff between strong formal properties and successful reasoning about route graphs［M］. Berlin: Springer-Verlag, 2003: 385－400.

［191］Peter J K. Inside Direct3D［M］. Seattle: MS-Press, 2001.

［192］Douglas D, Peucker T. An algorithm for the reduction of the number of point required to represent a digitized line or its character［M］. New Jersey: John Wiley & Sons, 1973.

［193］Huagues H. Smooth view-dependant level-of-detail control and its application to terrain rendering［C］. Proceedings of IEEE Visualization, Research Triangle Park, North Carolina, 1998: 35－42.

［194］Joshua L. Fast view-dependent level-of-detail rendering using cached geometry［C］. IEEE Visualization 2002, Boston, 2002.

［195］Joao A de C P, Max J Egenhofer. Robust inference of the flow direction in river networks［M］. Algorithmica Peter Sheridan Dodds & Daniel, 1990.

［196］Hillier M, de Kemp E, Schetselaar E. 3D form line construction by structural field interpolation (SFI) of geologic strike and dip observations［J］. Journal of Structural Geology, 2013, 51(6): 167－179.

［197］Evans A, Romeo M, Bahrehmand A, et al. 3D graphics on the web: A survey

[J]. Computers & Graphics, 2014, 41(1): 43-61.

[198] Grum M, Bors A G. 3D modeling of multiple-object scenes from sets of images [J]. Pattern Recognition, 2014, 47(1): 326-343.

[199] Balandin A L, Ono Y, You S. 3D vector tomography using vector spherical harmonics decomposition [J]. Computers & Mathematics with Applications, 2012, 63(10): 1433-1441.

[200] Leitner C, Hofmann P, Marschallinger R. 3D-modeling of deformed halite hopper crystals by object based image analysis [J]. Computers & Geosciences, 2014, 73(C): 61-70.

[201] Ai T, Li J. A DEM generalization by minor valley branch detection and grid filling [J]. ISPRS Journal of Photogrammetry and Remote Sensing, 2010, 65(2): 198-207.

[202] Swadzba A, Wachsmuth S. A detailed analysis of a new 3D spatial feature vector for indoor scene classification [J]. Robotics and Autonomous Systems, 2014, 62(5): 646-662.

[203] Zeilhofer P, Schwenk L M, Onga N. A GIS-approach for determining permanent riparian protection areas in Mato Grosso, central Brazil [J]. Applied Geography, 2011, 31(3): 990-997.

[204] Nafo I I, Geiger W F. A method for the evaluation of pollution loads from urban areas at river basin scale [J]. Physics and Chemistry of the Earth, Parts A/B/C, 2004, 29(11-12): 831-837.

[205] Wischgoll T. Accurate analysis of angiograms based on 3D vector field topology [J]. Computer Aided Geometric Design, 2013, 30(6): 542-548.

[206] Zhang Y, Zhang L, Hossain M A. Adaptive 3D facial action intensity estimation and emotion recognition [J]. Expert Systems with Applications, 2015, 42(3): 1446-1464.

[207] Lei Y, Bennamoun M, Hayat M, et al. An efficient 3D face recognition approach using local geometrical signatures [J]. Pattern Recognition, 2014, 47(2): 509-524.

[208] Ahmad J, Sun J, Smith L, et al. An improved photometric stereo through distance estimation and light vector optimization from diffused maxima region [J]. Pattern Recognition Letters, 2014, 50(1): 15-22.

[209] Paz A R D, Collischonn W, Risso A, et al. Errors in river lengths derived from raster digital elevation models [J]. Computers & Geosciences, 2008, 34(11): 1584-1596.

[210] Gurnell A M, Angold P G, Edwards P J. Extracting information from river corridor surveys [J]. Applied Geography, 1996, 16(1): 1-19.

[211] Zhou Q, Chen Y. Generalization of DEM for terrain analysis using a compound method [J]. ISPRS Journal of Photogrammetry and Remote Sensing, 2011, 66(1): 38-45.

[212] Park W, Yu K. Hybrid line simplification for cartographic generalization Pattern

[J]. Recognition Letters, 2011, 32(9): 1267 - 1273.

[213] Foerster T, Lehto L, Sarjakoski T, et al. Map generalization and schema transformation of geospatial data combined in a web service context [J]. Computers Environment and Urban Systems, 2010, 34(1): 79 - 88.

[214] Smeets D, Keustermans J, Vandermeulen D, et al. meshSIFT: Local surface features for 3D face recognition under expression variations and partial data [J]. Computer Vision and Image Understanding, 2013, 117(2): 158 - 169.

[215] Dokka T, Crama Y, Spieksma F C R. Multi-dimensional vector assignment problemsp [J]. Discrete Optimization, 2014, 14(14): 111 - 125.

[216] Goodchild M F. Scale in GIS: An overview [J]. Geomorphology, 2011, 130 (1 - 2): 5 - 9.

[217] Smirnoff A, Boisvert E, Paradis S J. Support vector machine for 3D modelling from sparse geological information of various origins [J]. Computers & Geosciences, 2008, 34(2): 127 - 143.

[218] Zhou P, Tian F, Li Z. Three dimensional holographic vector of atomic interaction field (3D-HoVAIF) [J]. Chemometrics and Intelligent Laboratory Systems, 2007, 87(1): 88 - 94.

[219] Housden R J, Gee A H, Treece G M, et al. Ultrasonic imaging of 3D displacement vectors using a simulated 2D array and beamsteering [J]. Ultrasonics, 2013, 53(2): 615 - 621.

[220] Anupam A, Radhakrishna M, Joshi R C. Geometry-based mapping and rendering of vector data over LOD Phototextured 3D terrain models[EB/OL]. [2017 - 07 - 27]. http://www.doc88.com/p-4995457999796.html.

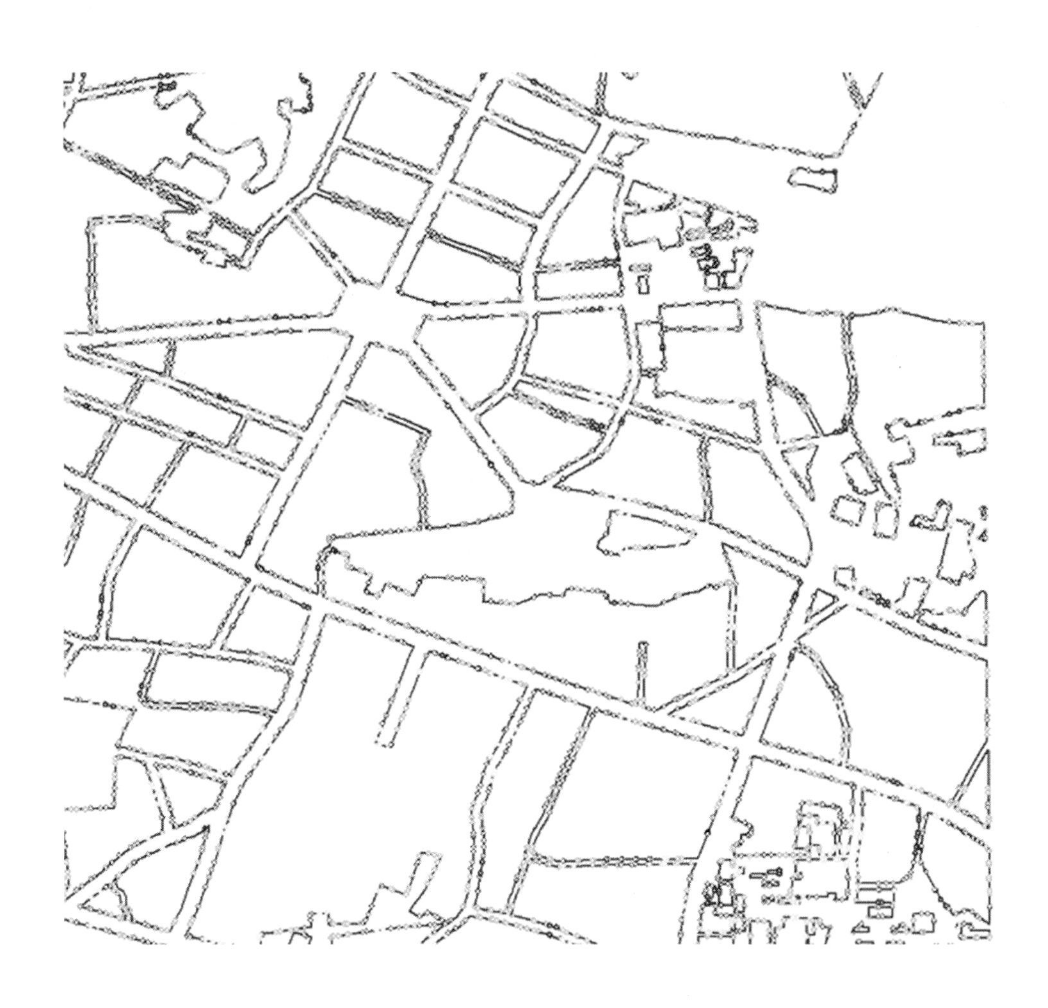

范围

上：30.564 521

左：114.284 957　　右：114.357 493

下：30.518 618

图 4 – 9　武汉市部分道路顶点插值后的绘制效果

图 4－10　山区数据多等级优化地形网格

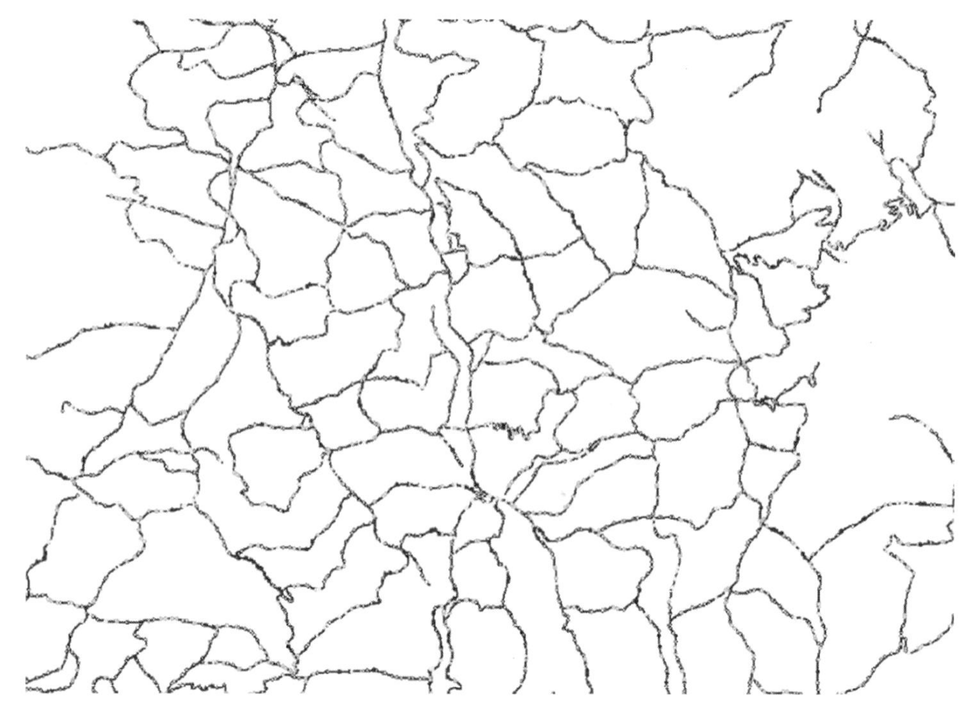

图 4－11　插值后的矢量数据效果